교과서에 없는 탄소 수업

교과서에 없는 탄소 수업

기후박사 이성규의 1.5도 탄소발자국 교과서

초판 1쇄 발행 2025년 12월 23일   **지은이** 이성규   **발행인** 황윤억

편집 윤석빈 김순미 황인재   **마케팅** 김예연   **디자인** 알음알음

발행처 인문공간/(주)에이치링크   **등록** 2020년 4월 20일(제2020-000078호)

주소 서울 서초구 남부순환로 333길 36, 4층(서초동, 해원빌딩)

전화 마케팅 02) 6120-0259   **편집** 02) 6120-0258   **팩스** 02) 6120-0257

ISBN 979-11-994016-1-7 43450

교과서에 없는 탄소 수업

기후박사 이성규의 1.5도 탄소발자국 교과서

이성규 지음

인문공간

에너지와 산업 부문까지 포괄한 기후변화 대응책
청소년의 정확한 기후위기 인지와 능동적인 해법 안내서

올봄 전국을 덮친 대형 산불과 폭우로 인한 여름철 수해처럼 기후재앙은 이미 우리 곁에 바짝 다가왔다. 온실가스를 줄이기 위해선 불편을 감수하고 상당한 비용을 지불해야 한다. 대다수 시민은 기후변화의 책임과 대응 주체에 대한 이해가 부족하다. 특히, 대도시 온실가스의 주범이 건물과 수송 부문임에도 불구하고, 많은 시민이 여전히 기업의 책임으로만 여기며, 중앙정부와 지방자치단체가 모든 대책을 수립해야 한다고 인식하는 경향이 있다.

이 책은 이런 인식의 간극을 메우는데 시의적절하다. 쓰레기 분리수거를 넘어 일상적인 의식주 생활, 교통, 순환경제는 물론 온실가스를 가장 많이 배출하는 에너지와 산업 부문까지 포괄하여 기후변화 대응의 절실함과 효과적인 실행 방안을 구체적으로 제시하고 있다. 청소년 독자들이 기후위기를 정확히 인지하고, 능동적인 해법을 모색하는 데 유용한 안내서가 될 것으로 기대한다.

전의찬(세종대 기후변화특성화대학원 석좌교수, 전 2050 탄소중립위원회 기후변화위원장)

작은 호기심에서 큰 질문까지,
'기후위기와 나'의 관계를 친절하고 명쾌하게 풀어내

기후변화는 가까이 있는 듯하면서도 때로는 아득히 멀게만 느껴집니다. 그러나 실타래를 따라가다 보면, 그 시작점은 우리의 일상 속 작은 습관과 선택, 가치관에 닿아 있음을 깨닫게 됩니다. 이 책은 그 무거운 깨달음 속에서도 우리의 힘과 희망을 전하며, 작은 호기심에서 큰 질문까지 '기후위기와 나'의 관계를 친절하고 명쾌하게 풀어냅니다. 오늘, 더는 늦출 수 없는 기후행동을 시작하고 싶은 모든 분에게 이 책을 권합니다.

이주희(세종대학교 기후에너지융합학과 조교수)

탄소발자국을 줄이는 똑똑한 방법,
1.5도 라이프를 아주 쉽고 재미있게 보여줘

작가 이성규는 밀 농사를 짓고 동네 빵집을 운영하며 탄소농부를 꿈꿨습니다. 탄소농부만으로는 기후위기를 해결할 수 없다는 깨달음으로 기후변화특성화대학원 박사과정에 진학하였고, 올해 여름 박사학위를 받았습니다. 20년 다니던 회사를 그만두고 자신만의 방식으로 기후위기 해결에 뛰어들었던 작가가 이제 청소년 맞춤형 탄소발자국 책을 세상에 내어놓았습니다. 지구 평균 기온 상승을 1.5도 이내로 제한하기 위해선 쓰레기 분리수거를 넘어 일상의 탄소발자국을 줄이는 1.5도 라이프가 필요하다고 생각해서인데요. 1.5도 라이프를 지키는 힘은 기후위기에 가장 크게 영향받을 아이들로부터 출발한다고 믿기 때문입니다. 이 책은 자칫 어렵게 느낄 수 있는 탄소발자국과 탄소발자국을 줄이는 똑똑한 방법, 그리고 1.5도 라이프를 아주 쉽고 재미있게 보여줍니다.

김혜정(시민환경연구소 상임이사, 지속가능발전연구센터 대표)

기후위기 해결 위한 1.5도 라이프스타일
먹고, 입고, 이동하는 소비 행위와 기후변화를 연결

에코나우는 지난 16년간 "기후위기 해결을 위해 우리의 라이프스타일을 어떻게 바꿀 것인가?"라는 질문에 집중하며 활동해 왔어요. 바로 이 책이 그 실질적인 해답을 담고 있어 매우 흥미롭습니다. 이 책을 읽는 순간 독자들은 '환경의 관점'이라는 새로운 안경을 선물 받게 될 것입니다. 우리가 매일 먹고, 입고, 이동하며 소비하는 모든 행위가 기후변화와 어떻게 연결되는지 깨닫게 되고, 이 깨달음은 곧 나의 습관과 삶의 변화로 이어질 것입니다. 건강한 지구를 위한 변화는 결국 건강한 나를 먼저 만나는 경험이 될 거예요! 이 책을 '환경이라는 안경' 삼아, 지속가능한 세상을 향한 멋진 항해를 함께 시작합시다!

하지원(에코나우 대표, 지구환경학 박사)

식탁 위에 놓인 빵 한 조각도
식탁까지 얼마나 많은 탄소발자국 남겼을까

식탁 위에 놓인, 제가 사랑하는 빵 한 조각도 식탁에 오르기까지 얼마나 많은 탄소발자국을 남겼을지 생각하게 됩니다. 이 책은 우리가 무심코 하는 일상의 선택과 소비가 지구를 아프게 한다는 사실을 실제 데이터에 기반한 분석으로 명확히 보여줍니다. 하지만 이 책은 거기서 멈추지 않습니다. '탄소 다이어트'라는 새로운 길을 통해, 어떻게 살아야 지구와 함께 건강한 내일을 만들 수 있을지 따뜻한 시선으로 명확하게 보여줍니다.

이혜성(방송인, (전)KBS 아나운서)

청소년들에게 널리 알려지고 읽힘으로써
지구와 공존하는 행복한 라이프스타일 즐기길

기후위기 시대 온실가스 감축, 동물복지 개선, 안전한 먹거리의 생산 등 지속가능한 지구와 우리 모두의 미래를 위한 의미 있는 한걸음이 되기를 바라며, 〈꽃밥에피다〉는 친환경 식문화를 실천하고자 노력하고 있어요. 그래서 이 책이 무척 반갑습니다. 부디 책이 청소년들에게 널리 알려지고 읽혀서 많은 이들이 기후위기를 극복하며 지구와 공존하는 행복한 라이프스타일을 기꺼이 즐기게 될 수 있기를 기대합니다.

송정은(꽃밥에피다 대표)

차례

우린 분리수거를 열심히 하는데 지구는 왜 계속 아플까?

우리는 매일매일 플라스틱, 종이, 유리병을 깨끗하게 씻어 분리수거하고, 음식물 쓰레기는 따로 모아 버리고, 안 쓰는 물건은 재활용하거나 이웃에게 나눠주기도 합니다. 학교에서는 환경 보호 포스터를 그리고, 지구의 날에는 전등 끄기 행사에 참여하기도 하죠. 이렇게 모두가 열심히 노력하는데, 왜 지구는 더 뜨거워지고, 이상기후 현상에 많은 이들이 힘들어한다는 이야기가 끊이지 않을까요? 왜 북극곰은 자꾸만 살 곳을 잃고, 많은 생물이 지구에서 사라져갈까요?

　어쩌면 우리는 아주 중요한 것을 놓치고 있는지도 모릅니다. 우리가 매일 하는 분리수거는 아주 중요하고 칭찬받을 만한 행동이에요. 하지만 지구가 아픈 진짜 이유, 즉 온실가스라는 보이지 않는 범인에 관한 이야기는 분리수거함 밖에서부터 시작될 때가 더 많답니다. 우리가 버린 쓰레기에서 나오는 온실가스도 있지만, 우리가 매일 사용하는 물건들이 만들어지고 우리에게 배달되는 과정에서, 우리가 그 물건들을 사용하는 모든 과정에서 어마어마한 양의 온실가스가 나오거든요.

상상해 보세요. 여러분이 오늘 아침에 일어나서 입은 티셔츠, 학교에서 사용한 펜 한 자루, 점심시간에 먹은 빵 한 조각, 그리고 학교 가는 데 타고 간 버스까지. 이것들이 우리 손에 들어오기까지 얼마나 긴 여행을 했을까요? 티셔츠를 예로 살펴볼까요? 인도의 어느 시골 마을에 있는 밭에서 목화를 기르고, 수확한 목화를 인근 공장으로 옮겨 실을 뽑고, 옷을 만들고, 염색하고, 포장해서 배나 비행기에 태워 우리 동네 옷 가게까지 가져와야 해요. 이 모든 단계에서 에너지가 사용되면서 온실가스가 나옵니다. 우리가 먹는 빵도 마찬가지예요. 밀을 심고, 수확하고, 빵을 만들고, 가게로 배달하는 모든 과정에 탄소발자국이 찍힌답니다.

우리는 그동안 눈에 보이는 쓰레기 분리수거를 열심히 해 왔어요. 하지만 온실가스는 우리 눈에 보이지 않는 곳에서 훨씬 더 많이 나옵니다. 저는 '우리의 일상생활로 얼마나 많은 온실가스가 배출될까?', '우리의 일상생활로 인한 온실가스 배출량을 어떻게 계산할 수 있을까'라는 질문에 답하기 위해 지난 2년간 연구를 수행했어요. 연구결과를 이용하여 제 박사 학위 논문을 썼어요. 이 책은 제 박사 학위 논문의 주요 연구결과를 근거로 여러분에게 진짜 탄소발자국이 무엇인지, 그 탄소발자국이 어디서부터 오는지를 알려줄 거예요. 마치 명탐정이 숨겨진 단서를 찾아 문제를 해결하듯 우리 일상생활 속에 숨어 있는 온실가스 배출의 비밀을 파헤쳐 기후위기 해법을 찾아볼 겁니다.

단순히 '쓰레기 분리수거는 이제 그만!'이라 주장하는 것이 아니라, 쓰레기 분리수거를 넘어선 더 효과적인 온실가스 감축 행동이 무엇인지 알아보려고 해요. 우리가 매일 먹고, 입고, 타고, 쓰는 행동으로 온실가스가 얼마나 배출되는지 알게 되면 작은 습관 변화가 얼마나 큰 변화를 만들 수 있는지 깨닫게 될 겁니다.

여러분처럼 지구를 사랑하고, 일상생활 속에서 온실가스를 줄이기 위해 노력하는 멋진 친구들, 단체, 회사 이야기도 같이 담았어요. 그들의 생생한 목소리를 통해 나도 할 수 있다는 용기와 영감을 얻을 수 있을 거예요.

자, 이제 함께 떠나 볼까요? 우리가 사는 지구를 1.5도 더 시원하게 만들고, 미래에도 건강한 지구를 만들기 위한 진짜 탄소 다이어트 여정을 시작해 봅시다! 이 책이 여러분의 든든한 안내자가 되어 줄 거예요.

이 책이 알려 줄 진짜 탄소 다이어트

이 책은 크게 두 부분으로 구성했어요. 제1부는 내 탄소발자국이 어디서 왔는지 알아볼 거예요. 기후위기가 얼마나 심각한지, 쓰레기 분리수거만으로 왜 기후위기를 해결하기 어려운지, 우리 가족은 얼마나 많은 탄소를 배출하는지 같이 알아봐요. 문제 해결의 첫 단계는 데이터를 통해 문제를 가시화하는 것입니다. 제 연구결과뿐만 아니라 다른 국내외 연구를 바탕으로 개인과 가정의 탄소발자국 수치를 최대한 자세하게 제시하려고 노력했어요.

제2부는 쓰레기 분리수거를 넘어선 진짜 탄소 다이어트 방법을 소개했어요. 먹고, 타고, 쓰는 것을 어떻게 바꾸면 온실가스를 얼마나 줄일 수 있을지 같이 알아봐요. 기후위기를 극복하기 위해 행동하고 있는 사람들도 같이 소개했어요. 생활 속에서 온실가스를 줄이기 위해 노력하는 초등학생부터 기후위기를 해결하기 위해 정치를 바꾸고자 하는 이들의 노력과 실천에 대해 직접 들어 봤어요. 앞서서 실천하고 있는 이들의 이야기에 귀 기울이다 보면 우리 행동도 어떻게 바꾸면 좋을지 좋은 아이디어가 떠오를 거예요.

1부

내 탄소발자국은
어디서 왔을까?

1-1 기온 1.5도 오르는 게 무슨 대수라고

지구가 열병을 앓고 있다는 이야기를 들어 본 적 있나요? 지구가 점점 뜨거워지면서 이상 증상을 보여요. 마치 우리 몸에 열이 나면 기운이 없고 아픈 것처럼 말이죠. 의사 선생님이 우리 체온을 재듯 과학자들이 지구의 평균 기온을 계속 측정하고 있는데, 지구의 평균 기온이 곧 1.5도 이상 오를 수 있다고 예측하였어요.[1]

"겨우 1.5도 가지고 뭘 그래?"라고 말할 수도 있어요. 이 작은 변화가 우리 몸에 어떤 영향을 미치는지 살펴보면 문제가 그리 간단하지 않다는 걸 알 수 있을 거예요. 우리 몸의 정상 체온은 36.5도 정도라고 알려져 있죠. 이 온도를 유지해야 우리 몸의 모든 기능이 정상적으로 작동하고, 우리는 건강하게 활동할 수 있어요. 그런데 만약 정상 체온을 벗어나면 어떻게 될까요?

체온이 정상 체온에서 1.5도 올라 38도 정도가 되면 머리가 지끈거리고, 땀이 나고, 몸살 기운에 시달리며 평소처럼 활동하기가 어려워질 거예요. 몸 상태가 나빠지고 잠도 제대로 못 자는 등 불편함이 커지죠. 체온이 2도 정도 올라 38.5도가 되면, 몸살 증상은 더욱 심해지고 일상생활이 거의 불가능해질 거예요. 온몸이 쑤시고, 식욕이 없어지고, 어지럼증까지 나타날 수 있죠. 만약 체온이 40도를 넘어 42도 이상까지 올라가면 어떻게 될까요? 이때는 생명이 정말 위험할 수 있어요. 고열로 인해 장기가 손상되고 의식을 잃을 수도 있죠.

우리 체온이 1.5도만 올라도 땀이 나고 머리가 아프고 힘든 것처럼 지구도 이 작은 온도 변화에 큰 몸살을 앓게 된답니다. 어떤 일들이 벌어질지 알아볼까요?

첫째, 더 뜨겁고 긴 폭염. 여름이 되면 "와, 덥다!" 소리가 절로 나오죠? 하지만 1.5도 오르면 지금보다 훨씬 더 뜨거운 폭염이 더 길게 찾아올 거예요. 에어컨 없이는 잠들기 힘들고, 밖에 나가면 숨쉬기조차 어려울 정도로요. 농작물이 타들어 가고, 사람들이 더위로 힘들어하는 일이 훨씬 잦아질 거예요. 우리는 여름철 최고 기온 기록을 갈아치웠다느니 폭염일수가 기록을 경신했다는 뉴스를 해마다 접하고 있습니다.

둘째, 이상하고 예측 불가능한 날씨가 나타날 거에요. 비가 너무 많이 와서 도시가 잠기거나, 반대로 비가 오지 않아 땅이 바짝 마르고 쩍쩍 갈라지는 가뭄이 찾아올 수도 있어요. 강한 태풍이나 허리케인이 훨씬 더 자주 발생하고, 그 위력도 상상 이상으로 강해질 수 있습니다. 마치 감기에 걸리면 콧물, 기침, 열이 동시에 오는 것처럼, 지구도 열병으로 인해 예측 불가능한 이상기후 현상들이 한꺼번에 찾아올 수 있어요.

셋째, 해수면이 상승해요. 지구 온도가 오르면 북극과 남극의 얼음이 녹아내리고, 바닷물이 따뜻해지면서 부피가 늘어나요. 그럼 어떻게 될까요? 해수면이 높아져 바닷가에 있는 도시들이 물에 잠기고, 살던 곳을 떠나야 하는 사람들이 생겨날 수 있어요. 우리나라도 예외는 아니어서 인천과 부산 등 해안 저지대에 있는 도시 상당 부분이 바닷물에 잠길 것으로 우려하고 있어요.

넷째, 생물들이 사라져요. 숲이 타들어 가고, 바닷물이 따뜻해지면 그곳에 살던 수많은 동식물이 살 곳을 잃거나 먹이를 구하기 어려워져요. 북극곰이 녹는 얼음 위에서 표류하는 모습은 이제 더는 영화 속 이야기가 아니랍니다. 많은 생물이 사라지거나 멸종 위기에 처해 있어요. 우리가 좋아하는 과일이나 채소를 더는 맛보지 못하게 될 수도 있어요.

이처럼 1.5도라는 작은 숫자는 상상하기 힘든 큰 변화를 불러올 수 있어요. 평균 기온이 오르는 것이 문제지만 더 큰 문제는 기온의 표준편차가 더 커지는 것이라고 해요. 표준편차는 데이터 집합에서 값들이 평균으로부터 얼마나 떨어져 있는지를 나타내는 값이라고 수학 시간에 배웠죠? 지구온난화로 지구 평균 기온이 올라가면 기온의 차이가 더 커져 이상기후가 더 심하게, 더 자주 나타날 수 있다는 거죠. 앞으로 폭염, 가뭄, 태풍, 홍수, 한파 등 이상기후를 더 자주 경험하게 될 거예요.

인류가 산업혁명을 시작한 이후 지금까지 지구의 온도는 벌써 1.2도 정도 올랐다고 해요. 우리나라는 그 속도가 더 빨라 평균 기온이 이미 1.5도 올랐다는 뉴스가 나오기도 했죠.

1.5도 더 뜨거워진 지구는 더 이상 예전의 지구가 아닐 거예요. 그래서 우리는 지구의 열병을 멈추기 위해 지금 당장 무엇이든 해야 합니다. 우리의 작은 행동 하나하나가 지구의 열을 내리는 데 도움이 됩니다.

1-2 보이지 않는 범인, 온실가스

지구온난화라는 지구의 열병을 일으키는 보이지 않는 범인이 있어요. 바로 온실가스라는 녀석들이죠. 과학자들은 이산화탄소(CO_2), 메탄(CH_4), 아산화질소(N_2O), 수소불화탄소(HFCs), 과불화탄소(PFCs), 육불화황(SF_6), 삼불화질소(NF_3)를 지구온난화를 일으키는 온실가스라 규정했어요. 아 요즘은 메탄을 메테인이라고 부른다면서요? 하지만 기후위기를 다루는 학계에서는 여전히 메탄이라 부른답니다. 여러분들이 기후변화 담론을 주도할 때가 되면 메탄이 아닌 메테인으로 이름이 바뀌겠죠?

암튼 7가지 온실가스 중 가장 많이 나오는 게 이산화탄소라서 온실가스라면 이산화탄소라고 인식하곤 합니다. 그냥 줄여서 탄소라고 부르기도 하죠. 아래 그림1 에서 보는 것처럼 2022년 기준 우리나라 온실가스 배출 총량 중 약 88%가 이산화탄소였어요.[2]

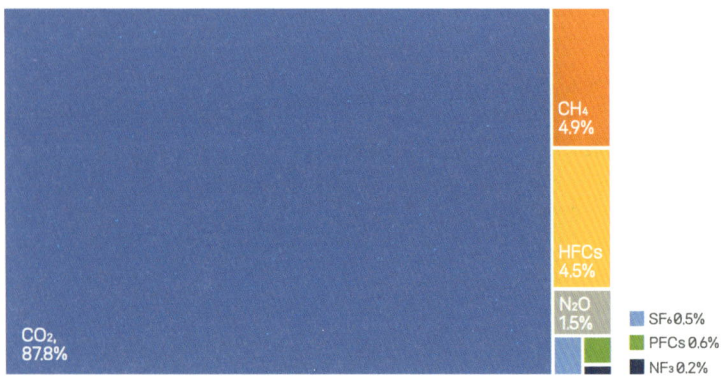

그림1 2022년 우리나라 온실가스별 배출량 비중.

온실가스는 어떻게 지구를 뜨겁게 만들까요? 사방이 온통 유리 벽으로 막힌 유리온실에 들어가 본 적이 있죠? 어떻던가요? 온실 밖보다 훨씬 더 덥다고 느꼈죠? 온실가스는 마치 지구를 둘러싼 유리온실 같다고 생각하면 쉬워요. 태양에서 오는 빛 에너지는 지구에 들어와서 지표면을 따뜻하게 해요. 따뜻해진 지구는 다시 열을 우주로 내보내죠. 이를 복사열이라고 한답니다. 그런데 온실가스가 너무 많아지면, 온실가스가 복사열이 우주로 빠져나가지 못하게 막아 마치 지구가 두꺼운 이불을 덮고 있는 것처럼 자꾸만 뜨거워지는 거예요. 그래서 온실효과라고 부르는 거고요.

근데 좀 이상하지 않아요? 태양에서 오는 빛 에너지는 온실가스가 있어도 지구로 들어오는데 지구에서 우주로 나가는 복사열은 온실가스에 막혀 지구를 빠져나가지 못한다니요. 비밀은 빛 에너지와 복사열의 파장 차이에 있답니다. 태양 빛 에너지는 파장이 짧아 온실가스를 무사통과 하지만, 파장이 긴 복사열은 온실가스를 통과하지 못해요. 그래서 태양 빛 에너지는 지구로 들어올 수 있지만, 지구 복사열은 온실가스에 의해 지구 안쪽에 갇히게 된답니다.

그럼 지구온난화의 주범인 온실가스는 어디서 나올까요? 먼저 그림 2 를 살펴볼까요? 화석연료 연소, 농축산업, 숲 파괴로 온실가스가 공기 중으로 배출되고 이 중 일부는 식물의 광합성을 통해 식물이나 흙 속에 저장되고, 또 일부는 바다에 흡수된답니다. 하지만 식물이나 흙, 해양에 흡수되는 양보다 배출되는 양이 더 많아 공기 중의 온실가스양이 점점 더 늘어

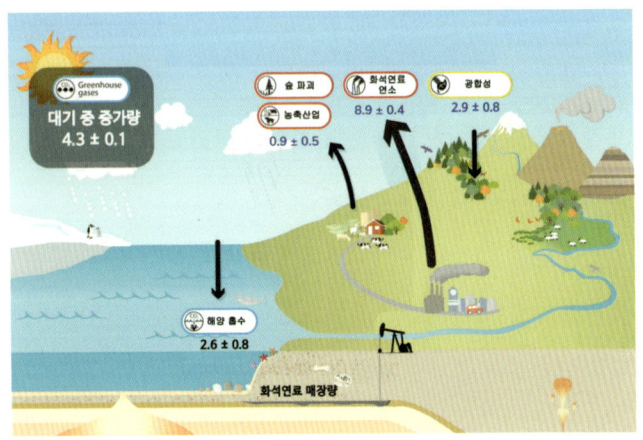

나고 있어요.

온실가스는 주로 휘발유, 경유, LPG, 석탄 등 화석연료를 태우는 과정에서 공기 중으로 배출됩니다. 전기나 열을 생산하기 위해 석탄을 태우는 화력발전소에서 가장 많이 나옵니다. 다양한 철강제품을 생산하는 제철소도 많은 양의 온실가스를 배출해요. 비행기나 차를 운행할 때도 온실가스가 많이 나옵니다.

벼와 가축을 기르는 과정에서는 주로 메탄과 아산화질소가 공기 중으로 배출된답니다. '소가 온실가스의 주범이다'

라는 말 들어봤을 거예요. 되새김질하는 소는 음식물을 소화하는 위가 네 개 있는데 위에서 풀을 소화하는 동안 트림하면서 메탄이 나온다고 합니다. 소한테 트림하지 말라고 할 수도 없고 좀 곤란한 문제지요.

수소불화탄소, 과불화탄소, 육불화황, 삼불화질소는 기체에 불소(F)가 들어있어 F-가스(불화온실가스)라고 부릅니다. 과불화탄소, 육불화황, 삼불화질소는 반도체나 디스플레이를 만들 때 쓰는 가스이고, 수소불화탄소는 냉장고나 에어컨의 냉매로 사용됩니다.

F-가스는 지구온난화지수가 높아 적은 양으로도 지구온난화에 미치는 영향이 크답니다. 지구온난화지수(GWP, Global Warming Power)는 각 온실가스가 지구온난화에 얼마나 영향을 미치는지 비교하는 기준으로 이산화탄소와 비교하여 얼마나 강력한 온난화 효과를 내는지 숫자로 나타낸 거예요. 메탄의 GWP는 28, 아산화질소는 265, 육불화황의 GWP는 2만 3,500으로 온실가스 중 GWP가 가장 크죠. GWP가 큰 온실가스는 배출량이 적더라도 큰 온실효과를 유발한답니다. 이들 온실가스 배출량에 GWP를 곱하여

이산화탄소 상당량으로 환산하고 CO₂eq.라고 표시합니다. 2022년 우리나라의 온실가스 배출량은 약 7억 2,429만 이산화탄소 상당량 톤이었어요. 앞으로는 편의상 이산화탄소 상당량($CO_2eq.$)을 빼고 그냥 톤, kg, g이라고 하려 해요.

온실가스는 전기나 열 등 에너지를 생산하고, 철강제품, 반도체, 디스플레이 등 제품을 만들고, 농축산물을 키우는 과정에서 발생해요. 이런 생산과 직접 관계가 없으니 우리 소비자들은 온실가스 배출과 무관할까요? 우리는 일상생활에서 온실가스를 배출하면서 만들어진 전기를 쓰고, 상품과 서비스를 사용하니 결국 소비자인 우리도 온실가스 배출에 간접적으로 관여하고 있지요. 자동차를 타고, 핸드폰을 충전하고, 고기를 먹고, 물건을 사고 버리는 모든 과정에서 우리는 자신도 모르게 온실가스를 많이 만들어 내고 있어요.

그럼 이산화탄소 1톤은 도대체 어느 정도의 양일까요? 눈에 보이지 않으니 감이 안 오죠? 섭씨 25도, 대기압에서 이산화탄소 1톤의 부피는 약 555m³입니다. 여전히 감이 안 오죠? 여러분이 학교에서 공부하는 교실 3개 반 정도의 부피랍니다. 우리나라가 2022년에 배출한 이산화탄소 약 7억 톤은 부피가 얼마나 될지 상상이 되나요?

1-3 북극곰이 나하고 무슨 상관?

기후위기라는 말을 요즘 곳곳에서 자주 듣게 되죠? 남부 유럽에서 40도가 넘는 폭염이 계속되는 것도 기후위기라고 하고, 작년 겨울 캘리포니아에서 크게 번진 산불도 기후변화 탓이라 하고. 이런 것들은 나랑 상관없는 먼 나라 또는 먼 미래의 이야기라고 생각할 수도 있어요. 하지만 기후위기는 이미 우리 삶 곳곳에서 우리에게 직간접적인 영향을 미치고 있답니다. 기후위기 이야기의 단골손님인 북극곰 이야기를 한번 해볼게요.

북극곰은 왜 자꾸 사라질까요?

북극곰은 드넓은 얼음 위에서 물범을 사냥하며 살아요. 얼음이 바로 북극곰의 집이자 사냥터인 셈이죠. 지구 온도가 오르면서 북극의 얼음이 빠르게 녹아내리고 있어요. 살 곳이 사라지고 사냥할 수 있는 공간이 줄어들면서 북극곰들은 먹이를 찾기 어렵고, 새끼를 낳고 기르는 것도 힘들어지고 있어요. 굶주리거나 살 곳을 잃어버려 개체 수가 점점 줄어들고 있는 거예요. 북극곰의 위기는 지구온난화의 가장 슬픈 증거라고 할 수 있습니다.

북극곰만의 문제가 아니야. 우리도 위험해!

북극곰 이야기가 남의 일처럼 들리나요? 기후위기는 북극곰에게만 영향을 미치는 게 아니에요. 기후위기는 이미 다양한 방식으로 우리 삶을 위협하고 있답니다.

먹거리 부족　앞서 이야기했듯이 이상기후로 우리가 먹는 곡식, 채소, 과일 등이 제대로 자라지 못해요. 그럼 물가가 오르고, 식량 자체가 부족해지는 상황이 올 수도 있어요. 우리가 좋아하는 사과, 딸기, 빵을 더는 마음껏 먹지 못하게 될 수도 있다는 거죠.

물 부족　비가 오지 않아서 가뭄이 들면 우리가 마시고 씻고 농사를 짓는 데 필요한 물이 부족해질 수 있어요. 깨끗한 물을 마음껏 쓸 수 있는 지금이 얼마나 소중한지 깨닫게 될 거예요.

건강 위협 폭염은 사람들의 건강을 위협해요. 열사병으로 쓰러지는 사람이 늘어나고, 호흡기 질환이나 알레르기를 유발하는 새로운 병충해가 나타날 수도 있어요. 기온 상승으로 인해 코로나19 같은 새로운 전염병이 생길 수도 있지요.

재산피해와 삶의 터전 상실 강한 태풍이나 홍수, 산불 등 자연재해가 더 자주, 더 강력하게 발생하면 우리가 사는 집이나 건물, 농경지가 파괴될 수 있어요. 소중한 재산을 잃고 삶의 터전을 떠나야 하는 아픔을 겪는 사람들이 점점 늘어날 수 있습니다. 2025년 3월 경북 의성에서 발생한 산불로 많은 이들이 집을 잃었죠. 7월엔 산청에 내린 기록적 폭우로 13명이 숨지고 5,000억 원에 가까운 재산피해가 발생했어요. 기후위기가 심해지면 이런 일이 더 빈번하게 일어날 수도 있어요.

경제적 손실 산불, 홍수, 가뭄, 태풍 등 이상기후는 건물, 도로, 다리, 숲 등 재산에 직접적인 피해를 줄 수 있어요. 유럽을 중심으로 탄소국경조정제도와 같은 기후 관련 환경규제가 강화되고 있답니다. 이런 규제들이 본격적으로 시행되면 온실가스 배출량이 많은 제조업 중심인 우리나라의 수출 경쟁력이 약해지고 결과적으로 수출이 줄어 경제에 큰 타격을 받을 수 있어요. 이런 경제적 손실을 줄이기 위해서라도 한시바삐 온실가스를 줄이기 위한 노력을 시작해야 해요.

불평등 심화 식량, 물, 주거지 등 기본적인 자원이 부족해지면 사람들 사이에 갈등이 생기고, 사회 전체적으로 혼란이 가중될 수 있어요. 기후위기는 단순히 환경 문제가 아니라, 우리가 살아가는 사회의 안정까지 위협하는 심각한 문제인 거죠.

기후위기는 먼 나라나 먼 미래의 이야기가 아니에요. 우리가 지금 살아가고 있는 이 순간에도 영향을 미치는 현재 진행형의 위기입니다. 북극곰의 비극이 우리 자신의 이야기가 될 수 있다는 것을 명심하고, 모두가 이 위기를 극복하기 위해 함께 노력할 때입니다.

2-1 내가 쓰는 물건 하나하나에 숨겨진 탄소의 비밀

온실가스를 줄이는 것이 쓰레기 분리만으로는 충분치 않음을 살짝 엿보았죠? 사실 쓰레기 버리는 단계는 거대한 탄소발자국 이야기의 아주 작은 부분에 불과하답니다. 이번 장에서는 우리가 매일 사용하는 물건들이 얼마나 많은 탄소발자국을 남기는지, 그 탄소발자국이 대체 어디에서 어떻게 생기는지 탐정처럼 파헤쳐 보려 해요. 범죄현장에 남아있는 아주 사소하고 의미 없어 보이는 증거를 통해 범인을 추적하는 탐정의 매서운 관찰력과 분석력이 필요합니다. 준비되셨죠?

우리는 매일 스마트폰을 사용합니다. 스마트폰 없는 세상은 어떨지 이제는 상상조차 할 수 없네요. 이 작고 스마트한 기기는 어떤 과정을 거쳐 우리 손에 들어왔을까요? 공장에서 뚝딱 만들어진다고 생각했나요? 공장에서 만들어지는 건 맞지만 그 공장에 스마트폰을 만들기 위한 재료들이 어디서 왔는지부터 살펴봐야 해요.

1단계: 재료를 찾아 떠나는 대장정

스마트폰을 만들려면 아주 다양한 재료들이 필요해요. 반짝이는 금속 테두리는 알루미늄이나 스테인리스 스틸로, 화면은 유리와 특별한 화학 물질로, 배터리는 리튬, 코발트 등 많은 광물로 만들어지죠. 이런 재료들은 땅속 깊이 묻혀 있는 것을 캔 후 복잡한 공정을 거쳐 처리해야 얻을 수 있어요.

스마트폰의 핵심 부품인 반도체, 배터리, 회로기판 등을 만들려면 금, 은, 구리, 코발트, 리튬, 희토류 같은 많은 광물이 필요해요. 이 광물들은 주로 아프리카, 남미, 아시아 등 특정 지역의 땅속 깊은 곳에서 캐냅니다. 거대한 굴착기와 트럭이 동원되어 산을 깎고 땅을 파헤치는 과정에 엄청난 양의 에너지를 소비해요. 이 에너지는 대부분 석탄이나 석유 같은 화석연료를 태워서 만들어지기 때문에 광물을 캐내는 순간

부터 많은 탄소발자국이 남겨지는 거죠. 게다가 광산 개발은 숲을 파괴하고, 토양과 물을 오염시키는 등 환경에 심각한 영향을 미치기도 합니다. 캐낸 광물은 순수한 금속으로 정제하는 복잡한 과정을 거치는데 이때도 엄청난 에너지가 필요하고 유해 물질이 발생하기도 해요.

스마트폰에 많이 사용되는 플라스틱은 화석연료인 석유를 원료로 만들어져요. 땅속 깊이 묻힌 석유를 뽑아내고, 플라스틱의 기본 재료인 수지를 만드는 복잡한 과정 역시 엄청난 양의 에너지를 소비하며 탄소를 배출합니다. 이처럼 물건의 기본이 되는 재료를 얻는 단계부터 우리 눈에 보이지 않는 탄소발자국을 남기는 거예요.

2단계: 원재료가 부품이 되기까지

준비된 재료는 부품을 만드는 공장으로 보내져요. 여기서는 수많은 기계와 기술자들이 재료를 가공하고, 부품을 만들고, 조립하고, 테스트하는 과정을 거칩니다. 이 과정에서도 많은 양의 에너지를 소비합니다.

스마트폰의 작은 칩 하나를 만들기 위해서는 수많은 반도체 제조공정을 거쳐야 하는데 이때 엄청난 양의 전기와 물이 필요해요. 반도체 공장은 전기 먹는 하마라고 불릴 정도로 전기를 많이 사용하죠. 얼마 전 평택에 세워진 반도체 공장을 돌리는데 필요한 전기 생산을 위해 원전 하나가 필요하다는 이야기를 들어봤을 거예요.

반도체 생산 과정에서도 온실가스가 나와요. 반도체 제조공정에서는 과불화탄소, 육불화황, 삼불화질소를 공정가스로 사용하는데 앞서 소개한 것처럼 이들 온실가스는 지구온난화지수가 커서 적은 양으로도 큰 온실효과를 낸답니다.

아이폰 한 대에 들어가는 부품이 무려 2,700개이며 28개국에서 생산된다고 하네요. 반도체 칩 하나를 만드는 데도 많은 탄소발자국이 만들어지는 데 모든 부품의 탄소발자국을 합치면 어떨까요? 여기다 28개 생산국에서 휴대폰 공장까지 부품을 운반하면서 발생하는 탄소발자국까지 합친다면요?

휴대폰 제조공장에서는 필요한 부품들을 하나하나 조립해서 휴대폰을 완성합니다. 이 과정에서도 역시 전기가 필요해요. 컨베이어 벨트가 쉼 없이 움직이고, 로봇 팔이 정교하게 부품을 조립하죠. 과학자들의 연구결과에 따르면 휴대폰 제조공장의 탄소발자국은 재료를 채굴하고, 부품을 생산하는 단계에 비하면 상대적으로 적다고 해요.

3단계: 지구 반대편에서 온 택배

이제 스마트폰이 완성되었어요. 이 스마트폰이 우리 동네 가게까지 어떻게 올까요? 중국이나 베트남에 있는 스마트폰 제조공장에서 비행기를 타고 한국으로 온 후 트럭으로 물류창고로 보내지고 다시 트럭으로 우리 동네 스마트폰매장으로 보내지겠죠. 비행기와 트럭을 운행하려면 화석연료를 태워야 하니 이 이동 자체가 또 탄소발자국을 남기는 과정이에요. 특히, 비행기는 단위 거리당 배출하는 탄소량이 운송수단 중 가장 많아요. 높은 고도에서 배출되는 온실가스는 지구온난화에 더 큰 영향을 미친다고 알려져 있어요. 기후변화를 연구하는 과학자들로 이루어진 기후변화에 관한 정부간 협의체(Intergovernmental Panel on Climate Change, IPCC)라는 기구에서 펴낸 보고서에서는 2019년 기준 운송 과정에 배출되는 온실가스가 전 세계 총배출량의 15%를 차지한대요.

4단계: 내 손안의 탄소

우리 눈에 보이지 않는 복잡한 여정을 거쳐 스마트폰이 드디어 우리 손에 들어왔어요. 하지만 탄소발자국 이야기는 여기가 끝이 아니에요. 우리가 스마트폰을 사용하는 동안에도 그리고 새 핸드폰으로 바꾸면서 버릴 때도 탄소발자국은 계속해서 찍힙니다.

스마트폰을 사용하면 전기가 사용되고 이로 인해 탄소발자국이 발생합니다. 요즘 스마트폰은 배터리 용량이 커져서 완충하려면 더 많은 전기가 필요하죠. 아이폰 가장 최신 모델의 배터리를 기준으로 계산해 보니 한 번 충전할 때마다 약 12.4g의 이산화탄소가 배출되네요. 스마트폰 케이스나 보호 필름 등 액세서리의 탄소발자국도 스마트폰 사용 단계의 탄소발자국에 해당합니다.

스마트폰이 고장 나거나 새 제품으로 바꾼 후 버릴 때 우리는 분리수거나 재활용을 통해 쓰레기를 처리하려고 노력하죠. 재활용 과정에도 폐기물을 수거하고, 분류하고, 다시 가공하는 데 에너지가 사용된답니다. 못 쓰게 된 스마트폰을 매립하거나 태울 때도 온실가스가 발생합니다.

이처럼 물건을 생산하고, 운반하고, 사용하고, 버리는 모든 과정을 전과정(Life Cycle)이라고 부릅니다. 그리고 이 전과정에서 발생하는 모든 온실가스를 합한 것이 바로 탄소발자국이에요. 우리가 그리 힘써왔던 쓰레기 분리수거는 이 길고 복잡한 전과정의 아주 작은 일부분에 불과했던 거죠. "쓰레기 분리수거는 이제 그만!"이라고 주장한 이유를 이제 알겠죠?

이제부터는 물건 하나를 구매하고 사용하고 버릴 때 이 물건이 나에게 와서 나와 함께 있다 나를 떠날 때까지 어떤 여행을 했고, 어떤 탄소발자국을 남겼을지 상상해 보는 습관을 길러야 해요. 눈에 보이지 않는다고 해서 없는 것이 아니라는 사실을 꼭 기억하세요.

2-2 우리 집 탄소발자국은 어디서 왔을까?

우리가 쓰는 물건에 숨겨진 탄소의 비밀을 알았으니, 이번에는 우리 집 탄소발자국으로 시선을 돌려볼까요? 우리 가족이 하루하루 살아가는 모든 순간, 모든 소비 활동이 탄소발자국을 남깁니다.

우리 집의 탄소발자국을 이해하려면 우선 우리 가족이 돈을 어디에 얼마나 쓰는지 살펴봐야 해요. 돈을 쓰는 모든 곳에 탄소발자국이 숨어 있기 때문이죠. 우리 가족의 소비 지출은 마치 탄소발자국을 찍는 도장과 같아요. 어디에 얼마나 큰 도장을 찍느냐에 따라 탄소발자국 모양과 크기가 달라진

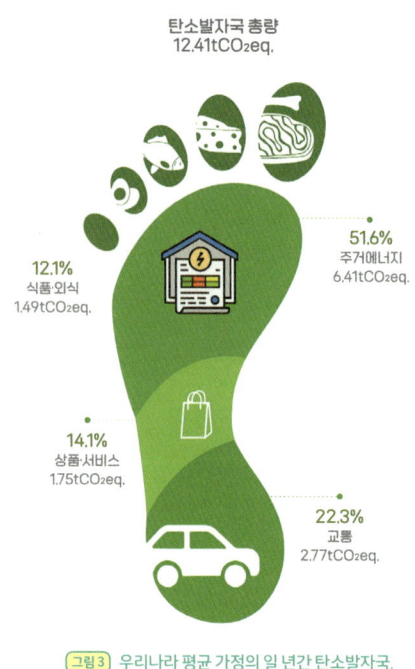

탄소발자국 총량
12.41tCO₂eq.

51.6%
주거에너지
6.41tCO₂eq.

12.1%
식품·외식
1.49tCO₂eq.

14.1%
상품·서비스
1.75tCO₂eq.

22.3%
교통
2.77tCO₂eq.

그림3 우리나라 평균 가정의 일 년간 탄소발자국.

답니다.

위 그림3 을 같이 한번 볼까요? 2020년 자료를 가지고 계산한 탄소발자국인데요, 우리나라 한 가족이 한 해 평균적으로 이만큼의 탄소발자국을 만든다고 보면 됩니다.[3] 한 가족의 탄소발자국은 12.41톤이었어요. 2.4명이 한 가족을 이루고 있으니 한 사람의 탄소발자국은 5.17톤입니다. 이 탄소발자국이 어느 수준인지 감이 안 오죠? 다른 나라와 비교해 보면 우리나라 수준을 알 수 있을 거예요.(그림4 참조)

우리나라의 1인당 탄소발자국은 핀란드나 일본보다는 낮고, 중국, 브라질, 인도 등 개발도상국보다는 높다는 것을 알

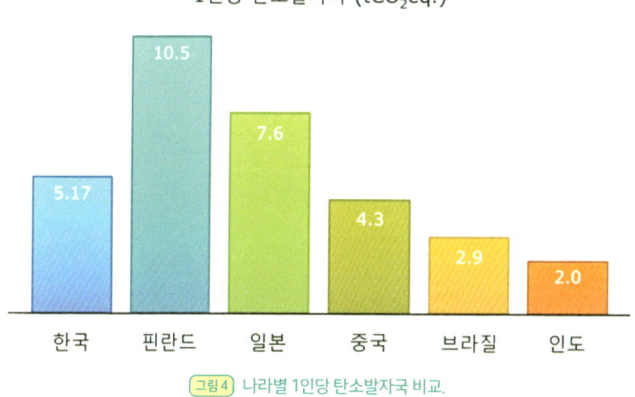

1인당 탄소발자국 (tCO$_2$eq.)

한국	핀란드	일본	중국	브라질	인도
5.17	10.5	7.6	4.3	2.9	2.0

그림4 나라별 1인당 탄소발자국 비교.

수 있어요.[4] 일반적으로 잘 사는 나라일수록 탄소발자국이 높다고 해요. 소득이 높아질수록 더 큰 집에 살고, 더 큰 차를 몰며, 비행기 여행을 더 많이 하고, 더 많은 상품을 소비하기 때문이죠. 이런 선진국형 생활방식은 더 많은 탄소발자국을 만드는 원인이에요.

우리나라 가정의 탄소발자국은 어디서 발생하는지도 주의 깊게 봐야 해요. 소비영역별로 가정 탄소발자국을 표시한 그림3 을 보면 돼요. 우리 가족이 사는 집의 탄소발자국이 가장 커요. 냉난방, 취사, 가전제품에 사용하는 전기, 도시가스, 지역난방 열, 연탄 등 가정에서 쓰는 에너지의 탄소발자국이 6.41톤으로 전체 탄소발자국의 51.6%를 차지합니다.

겨울에는 따뜻하게, 여름에는 시원하게 보내기 위해 사용하는 보일러나 에어컨은 많은 에너지를 소비하고 탄소발자국을 남깁니다. 창문 틈을 막거나, 내복을 입는 등 작은 행동으로도 에너지 사용을 줄일 수 있어요. 집의 단열이 잘 되어 있다면 에너지를 덜 쓰고도 쾌적하게 지낼 수 있답니다.

집에서 쓰는 TV, 냉장고, 세탁기 등 가전제품은 전기로 작동하는데 이 전기를 만드는 과정에서 온실가스가 발생해요. 우리나라 전기는 석탄이나 천연가스와 같은 화석연료로 만들어지는 비율이 높아 단위 발전량 당 온실가스 배출량이 다른 선진국보다 높은 편이에요. 전기를 아껴 쓰는 것이 탄소발자국을 줄이는 중요한 방법이에요. 불필요한 전등을 끄고, 안 쓰는 플러그를 뽑아 대기 전력을 줄이는 작은 습관이 탄소발자국을 줄이는 첫걸음이에요.

그림3 의 탄소발자국에는 빠졌지만 집을 짓는 과정에서도 많은 온실가스가 배출된답니다. 건물을 지을 때 사용하는 시멘트, 철근 등 건축 자재를 만들고 운반하는 데 많은 에너지가 필요해요. 특히, 시멘트를 만들 때 엄청난 양의 온실가스가 배출됩니다. 집 자체의 탄소발자국을 낮추기 위해 저탄소 건축 자재를 개발하려고 사용하려는 노력이 필요합니다.

다음으로 탄소발자국이 높은 영역은 교통이에요. 자가용을 운행할 때 연료를 소비하고 버스, 지하철, 기차 등 대중교통을 이용하면서 2.77톤의 온실가스를 직·간접적으로 배출한 거죠. 학교나 학원에 갈 때, 주말에 가족들과 여행을 갈 때 우리는 다양한 교통수단을 이용해요. 어떤 교통수단을 선택하느냐에 따라 우리 가족의 탄소발자국은 크게 달라질 수 있어요.

자동차는 휘발유나 경유를 태우며 온실가스를 직접 뿜어내는 대표적인 이동 수단이에요. 운행 거리가 멀수록, 혼자 탈수록 탄소발자국은 커지겠죠. 같은 거리를 이동할 때 자동차는 대중교통보다 훨씬 많은 탄소를 배출해요. 전기차나 수소차는 내연기관차보다 더 적은 탄소발자국을 남겨요. 전기 생산량 중 재생에너지 비중이 높아지면 전기차나 수소차의 탄소발자국은 더 줄어들 거에요.

버스나 지하철은 여러 사람이 함께 타기 때문에 1인당 탄소 배출량이 훨씬 적어요. 걷거나 자전거를 타면 탄소 배출량이 0이 되죠. 짧은 거리는 걷거나 자전거를 이용하고, 조금 먼 곳을 갈 때는 자가용 대신 대중교통을 이용하는 습관을 들이면 우리 가족의 탄소발자국을 크게 줄일 수 있어요.

교통수단 중 탄소발자국이 가장 큰 것은 비행기입니다. 비행기는 높은 고도에서 배출하는 온실가스가 기후에 미치는 영향이 더 크다고 알려져 있어요. 먼 곳으로 이동할수록 그만큼 탄소발자국은 커진답니다. 해외여행 대신 가까운 곳으로 여행을 가거나 국내 여행을 선택하거나, 여행 갈 때 비행기 대신 기차를 이용하는 것도 탄소발자국을 줄이는 좋은 방법이에요.

　식품과 외식의 탄소발자국은 1.49톤으로 전체 탄소발자국의 12.1%를 차지합니다. 매일 세끼를 먹는 식탁은 우리 집에서 큰 탄소발자국을 남기는 곳 중 하나예요. 여러분이 좋아하는 고기, 특히 소고기의 탄소발자국이 큰데 이는 키우는 과정에서 소가 트림이나 방귀로 메탄가스를 많이 배출하기 때문이에요. 소에게 먹일 사료를 기르기 위해 숲을 파괴하고 많은 물과 비료, 에너지를 사용하죠. 소고기 1kg을 생산하는 데는 약 27kg의 이산화탄소가 배출된다고 해요. 반면, 채소나 과일, 곡물은 훨씬 적은 탄소발자국을 남긴답니다. 그래서 고기를 덜 먹고 채소 위주의 식사를 늘리는 것만으로도 탄소발자국을 크게 줄일 수 있어요.

　소득 수준이 높아질수록 더 다양한 식재료를 찾는다고 해요. 다양한 식재료의 상당 부분은 지구 반대편에서 비행기나 배를 타고 온 과일이나 치즈, 와인 등이에요. 이렇게 먼 나라에서 온 음식들은 운송 과정에서 많은 탄소를 배출해요.

　제철이 아닌 과일이나 채소도 많은 탄소발자국을 남겨요. 딸기의 제철은 언제일까요? 한겨울이라고 대답했죠? 아마도 여러분 대부분은 그렇게 알고 있을 거예요. 하지만 딸기는 5월이 제철입니다. 한겨울 마트에서 파는 맛깔나는 딸기는 비닐하우스에서 전기나 등유를 써서 난방하여 키운 겁니다. 전기나 등유를 쓰니 당연히 탄소발자국이 커지겠죠?

상품·서비스의 탄소발자국은 1.75톤으로, 전체 탄소발자국의 14.1%를 차지합니다. 우리가 일상생활에서 소비하는 상품과 서비스로 인한 탄소발자국은 생각보다 크지 않죠? 우리가 사는 옷이나 다양한 생활용품들도 탄소발자국을 남겨요. 유행에 따라 옷을 자주 사고 버리는 패스트 패션은 옷을 만드는 과정에서 탄소를 배출하고, 버려진 옷들이 쓰레기 문제를 심화시켜요. 옷 한 벌을 만들기 위해 얼마나 많은 물과 에너지가 필요한지 생각하면 쉽게 사고 버릴 수 없겠죠?

항상 새 물건만 사는 것보다는 중고 물건을 구매하거나 필요한 물건을 빌려 쓰고, 고쳐서 오래 사용하면 새로운 물건을 만들 때 나오는 탄소를 줄일 수 있어요. 줄이고(Reduce), 다시 쓰고(Reuse), 재활용하는(Recycle) 3R 원칙 중에서 줄이기와 다시 쓰기가 재활용보다 탄소발자국을 줄이는 데 훨씬 더 효과적이라는 사실을 기억하세요. 물건의 수명을 늘리는 것이 곧 탄소발자국을 줄이는 길이랍니다.

지금까지 살펴본 것처럼 우리는 집을 쾌적하게 하고, 먹고, 입고, 쓰고, 움직이는 모든 과정에서 탄소발자국을 만들고 있어요. 탄소발자국을 줄이기 위해 쓰레기 분리수거는 물론 중요하지만, 탄소발자국이 어디서 얼마나 발생하는지를 이해하는 것이 진짜 탄소 다이어트의 시작이랍니다. 문제의 실체를 알아야 해결할 수 있는 법이니까요.

발자국 하면 무엇이 떠오르나요? 눈밭에 찍힌 발자국, 지난 여름 방학에 재밌게 놀았던 해수욕장 백사장에 남은 발자국, 먼지 묻은 발로 집에 들어왔을 때 거실 바닥에 찍힌 발자국 같은 것들이 떠오르죠? 이런 발자국은 우리가 어디에서 와서 어디로 갔는지, 무엇을 했는지 보여주는 흔적이에요. 추리소설이나 범죄영화에서는 범죄현장에 남아있는 발자국이 범인을 찾아내는 데 중요한 단서가 되기도 하지요.

눈에 보이지는 않지만 우리가 살아가는 동안 지구에 남기는 특별한 발자국이 있어요. 바로 탄소발자국(Carbon Footprint)입니다. 탄소발자국은 우리가 일상생활 중 하는 모든 행동이 지구 온난화에 미친 영향입니다. 좀 더 전문적인 말로는 어떤 활동으로 인해 직·간접적으로 발생하거나 소비하는 제품이나 서비스의 생산, 사용, 폐기 등 전과정에 발생하는 온실가스 직·간접배출량의 총합을 탄소발자국이라고 해요.

앞에서 온실가스는 주로 석유, 가스, 석탄 등 화석연료를 태우는 과정에서 나온다고 했는데 아직 기억하고 있죠? 우리가 하는 거의 모든 활동에는 에너지가 필요해요. 달리거나 자전거를 탈 때는 사람의 힘을 쓰지만, 우리가 일상생활에 필요한 물건을 만들 때, 자동차를 운전할 때 등 대부분의 활동에는 화석연료를 직접 사용하거나 화석연료로 만든 전기나 열을 사용하게 된답니다. 그래서 우리의 거의 모든 활동이 직간접적으로 온실가스 배출을 유발합니다.

온실가스 직접배출과 간접배출이 무엇인지 좀 더 알아볼까요? 온실가스 직접배출은 화석연료를 직접 사용하면서 온실가스를 배출하는 것을 뜻합니다. 요리를 위해 가스레인지에서 도시가스를 사용할 때, 자동차 운행을 위해 휘발유나 경유를 사용할 때 배출되는 온실가스가 가정에서 발생하는 대표적인 온실가스 직접배출이죠. 직접배출을 Scope 1 배출량이라고도 해요. 온실가스 간접배출은 화석연료로 생산한 전기나 열을 사용하면서 배출되는 온실가스와 상품이나 서비스를 생산, 운송, 사용, 폐기까지 모든 과정에서 배출되는 온실가스로 나눈답니다. 전자를

Scope 2 배출량, 후자를 Scope 3 배출량이라고 불러요. 앞으로 기후변화를 본격적으로 공부하게 되면 이 용어를 자주 만나게 될 거예요.

여러분, 빵 좋아하시죠? 저도 아주 좋아하는데요, 빵을 예시로 탄소발자국이 어떻게 생기는지 좀 더 자세히 알아볼까요? 빵을 만들려면 주재료인 밀을 키워야 하죠. 밀을 심고 수확하려면 농기계가 필요하고 농기계를 작동하기 위해 경유를 사용합니다. 밀을 수확하면 제분소에서 가루로 만든 후 트럭으로 제빵소까지 운반해서 빵을 만듭니다. 빵 반죽을 하는 반죽기나 빵을 구울 때 사용하는 오븐은 모두 전기를 사용하죠. 제빵 대기업이 공장에서 구운 빵은 마트에서 소매로 판매되고, 빵을 더 많이 팔기 위해 시장조사나 마케팅을 하기도 하죠. 팔다 남은 빵은 버려져 폐기물로 처리됩니다.

이처럼 빵 한 덩어리를 만들고 소비하는 데 무수히 많은 활동이 연관되어 있어요. 이런 활동은 대부분 온실가스를 유발합니다. 아래 그림5 를 한번 살펴볼까요? 제가 만든 모델로 우리나라에서 판매되는 만 원짜리 빵 한 덩어리의 탄소발자국을 계산한 결과랍니다. 빵 한 덩어리의 탄소발자국은 3.12kg입니다. 온실가스가 어디에서 발생하는지 살펴보면, 화력발전에서 1.55kg이 발생하네요. 주로 빵 만드는 과정, 특히 구울 때 사용하는 오븐이 소비하는 전력을 생산할 때 발생하는 것이 대부분일 거예요. 다음으로 맥류 및 잡곡에서 0.41kg이 발생하는 데 이건 밀을 재배하는 동안 사용하는 화학비료 등 농자재와 농기계가 쓰는 경유에서 배출되는 겁니다. 낙농, 가금, 감자에서도 온실가스가 배출되는 데 이들은 빵의 재료로 사용되기 때문입니다.

우리가 무심코 먹는 빵 한 조각에도 수많은 활동과 이들 활동으로 인한 탄소발자국이 숨어 있어요. 빵은 비교적 간단한데, 자동차는 어떨까요? 자동차 한 대를 만드는 데는 약 3만 개의 부품

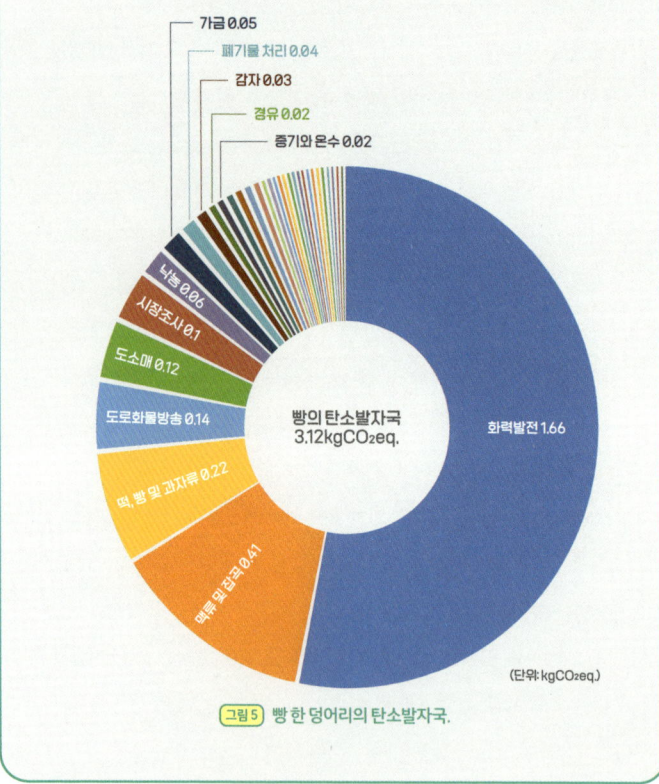

가금 0.05
폐기물 처리 0.04
감자 0.03
경유 0.02
증기와 온수 0.02

낙농 0.06
시장조사 0.1
도소매 0.12
도로화물방송 0.14
떡, 빵 및 과자류 0.22
메루 및 전분 0.41

빵의 탄소발자국
3.12kgCO₂eq.

화력발전 1.66

(단위: kgCO₂eq.)

그림 5 빵 한 덩어리의 탄소발자국.

이 필요해요. 수많은 부품을 만들고 조립하는 과정에는 우리나라에서 일어나는 거의 모든 경제활동이 복잡하게 얽혀 있을 거예요. 하지만 이렇게 복잡한 과정을 거쳐 만들어진 자동차 한 대의 탄소발자국도 계산해 낼 수 있답니다

기후노트 2   탄소발자국은 어떻게 계산할까?

탄소발자국은 일반적으로 전과정평가(Life Cycle Assessment, LCA)를 이용하여 분석해요. 기후변화에 관심이 많다면 한 번쯤은 들어봤을 거예요. 전과정평가는 원료 채취부터 생산, 유통, 사용, 폐기 등 전 과정에 걸쳐 상품이나 서비스가 환경에 미치는 영향을 평가하는 방법입니다. 탄소발자국뿐만 아니라 독성, 오존층 파괴, 해양 산성화, 부영양화, 자원고갈, 토지사용 등 다양한 환경 영향을 평가하는 방법이지만 이 책에서는 탄소발자국만을 중점적으로 살펴보려 해요.

이 책에 있는 탄소발자국은 대부분 제 박사 학위 논문에서 가져왔는데, 전과정 환경산업연관분석이라는 연구방법을 사용하여 계산했답니다. 뭔가 좀 어려워 보이죠? 사실 좀 어려워요. 경제학 지식 조금, 행렬 이해 조금, 온실가스 배출구조에 대한 이해

도 조금 있어야 하고, 우리나라에서 사용하는 모든 에너지가 어디에서 얼마나 사용되는지도 이해해야 하고 많은 데이터가 필요하거든요.

감사하게도 한국은행, 온실가스종합정보센터, 통계청, 에너지경제연구원 등 국가기관이 조사를 통해 수집하여 분석한 상세한 데이터를 매년 제공하고 있어요. 저는 이들 기관이 제공한 자료를 이용하여 탄소발자국을 계산하는 모형을 만들어 탄소발자국을 계산했어요. 모형은 우리나라 경제를 380개 상품으로 분류하고 각 상품의 소비금액에 따라 탄소발자국을 계산하게 되어 있어요. 따라서 상품 자체의 탄소발자국이 크거나, 상품을 많이 소비하면 그 상품의 탄소발자국이 더 크게 산정됩니다. 좀 더 자세히 알고 싶다면 제가 쓴 논문[5]을 한번 읽어 보세요.

기후노트 3   1.5도 라이프란?

유엔환경계획(UN Economic Programme, UNEP)과 세계환경전략연구원(Institute for Global Environmental Strategies, IGES)은 파리협정에서 정한 산업혁명 이전 대비 기온 상승을 1.5도 이내로 억제한다는 목표를 달성하려면 에너지 효율 향상 등 생산

측면의 감축 노력만으로는 충분치 않으며, 소비 측면의 온실가스 감축이 필요하다고 주장했어요.[6] 소비 측면의 감축 정책으로 온실가스 수십억 톤을 줄일 수 있다고 해요.[7]

소비 수요를 만족하기 위해 원재료나 화석연료를 여러 단계에 거쳐 가공하거나 전환할 때 발생하는 손실에 따라, 단계마다 효율이 떨어져요. 이 현상을 캐스케이드 효과(cascade effect)라고 해요. 캐스케이드 효과에 의해 에너지 전달체계 내에서 발생하는 총 손실은 83%에 달합니다. 즉, 가정 등 최종 소비 단계에서 사용하는 에너지는 일차에너지의 17%에 불과합니다(그림6 참조)[8].

최종 소비 단계에서 소비를 줄이면 유용한 에너지, 최종 에너지, 일차에너지[79] 등 모든 단계에서 사용량을 줄일 수 있으며, 캐스케이드 효과에 따라 소비감축으로 줄어드는 사용량은 일차에너지 쪽으로 갈수록 더 커집니다. 최종 소비 단계에서 에너지 1단위 소비를 줄이면 일차에너지를 7단위 줄이는 효과가 있어 최종 소비 단계에서 온실가스를 줄이는 노력이 아주 중요해요.

세계환경전략연구원은 1.5도 목표를 달성하기 위한 1인당 탄소발자국 목표치도 제시하였는데요, 2030년까지 2.5톤으로, 2040년까지 1.4톤으로, 2050년까지 0.7톤으로 낮추어야 한다고 하네요. 2020년 우리나라 1인당 평균 탄소발자국은 5.17톤이었어요. 2030년 목표치와 2050년 목표치를 달성하려면 각각 51.6%, 86.5%를 줄여야 해요. 엄청난 양이죠? 과연

그림6 에너지의 캐스케이드 효과.

줄일 수 있을까요?

1.5도 목표 달성을 위해 소비 측면에서 온실가스를 효과적으로 줄이는 다양한 방안이 있어요. 이동할 때 대중교통이나 자전거 이용하기, 내연기관차 대신 전기차나 하이브리드 차 운전하기, 차량 공유 서비스 이용, 재택근무, 작은 집에서 살기, 재생에너지 사용, 냉난방을 위해 히트펌프 사용, 비건식 먹기, 적색육과 유제품 소비 줄이기 등입니다. 이런 방안을 통해 한사람이 연간 수백 kg에서 톤 단위의 탄소발자국을 줄일 수 있다고 해요.

소비 측면의 온실가스 감축을 위해서는 이런 행동을 한두 번 실천하는 것으로는 부족해요. 개인의 라이프스타일이 근본적으로 변해야 합니다. 1.5도 목표 달성에 부합하는 라이프스타일을 1.5도 라이프스타일이라 불러요. 1.5도 라이프스타일이 뭐라는 건 이제 어렴풋이 알겠죠?. 그럼 1.5도 라이프가 실제 어떤 삶의 모습일지 궁금하죠?

우리는 이미 비슷한 삶을 경험한 적이 있어요. 바로 코로나19 팬데믹 때문이었죠. 2020년 코로나19 팬데믹이 맹위를 떨치고 있을 때 우리 일상생활은 큰 변화를 겪었고, 온실가스 배출량도 크게 줄었어요. 코로나19 팬데믹 기간에 어떤 일이 있었는지 잘 살펴보면 1.5도 목표 달성을 위한 힌트를 얻을 수 있을지도 몰라요. 2020년 우리나라 온실가스 배출량과 우리의 탄소발자국에 어떤 변화가 있었는지 매의 눈으로 분석해 봅시다.

2-3 우리가 멈추니 온실가스가 줄어드네

2015년 유엔기후변화협약(United Nations Framework Convention on Climate Change, UNFCCC)에 가입한 나라들이 파리협정을 채택했어요. 파리협정으로 기후위기에 대응하기 위해 지구 평균 기온 상승을 산업화 이전 대비 1.5℃ 이내로 억제한다는 목표를 세웠어요. 각국은 온실가스를 줄이기 위해 노력하고 있지만, 온실가스는 여전히 늘고 있어요.

온실가스 배출량이 느는 와중에 그림7 [10]에서 보는 것처럼 배출량이 줄어든 사건이 몇 차례 있었어요. 1974년과 1980년 배출량 감소는 각각 1차, 2차 석유파동의 여파였습니다.

1991년 말 소비에트연방이 붕괴하였고, 그 이듬해인 1992년부터 2000년까지 소비에트연방에 속했던 13개국에서 온실가스 배출량이 감소했어요. 13개국 온실가스 총배출량은 1992년 32.5억 톤에서 2000년 22.0억 톤으로 32.3% 감소하였다고 하네요. 같은 기간 1인당 GDP는 1,589달러에서 1,307달러로 17.7% 감소하여 온실가스 배출량 감소 폭이 GDP 감소 폭을 웃돌았습니다. 이들 국가의 경기침체는 인접국으로 이어졌으며 1992년 전 세계 온실가스 배출량은 전년보다 3.1% 감소하였습니다.

아시아 금융위기와 글로벌 금융위기로 1998년과 2009년 배출량이 감소하였어요. 코로나19 팬데믹 확산 방지를 위한 전 세계적 봉쇄정책으로 2020년 온실가스 배출량이 전년 대비 23억 5,000만 톤(6.2%) 줄어 역사상 가장 큰 폭으로 감소했답니다. 2020년 우리나라 온실가스 배출량이 약 7억 톤이었으니, 우리나라 일 년 배출량의 3배 이상 준 셈이에요.

학자들은 온실가스 배출량 감소는 모두 온실가스 감축 노력의 결과가 아니라 심각하고 광범위한 경기침체로 인한 소비감소와 관련 있다고 주장해요.[11][12] 코로나19 팬데믹 시기

온실가스 배출량 감소가 소비감소와 관련이 있다니 소비변화가 탄소발자국에 어떤 영향을 미쳤는지 분석해 보면 우리의 탄소발자국을 어떻게 줄이면 될지 힌트를 얻을 수 있지 않을까요?

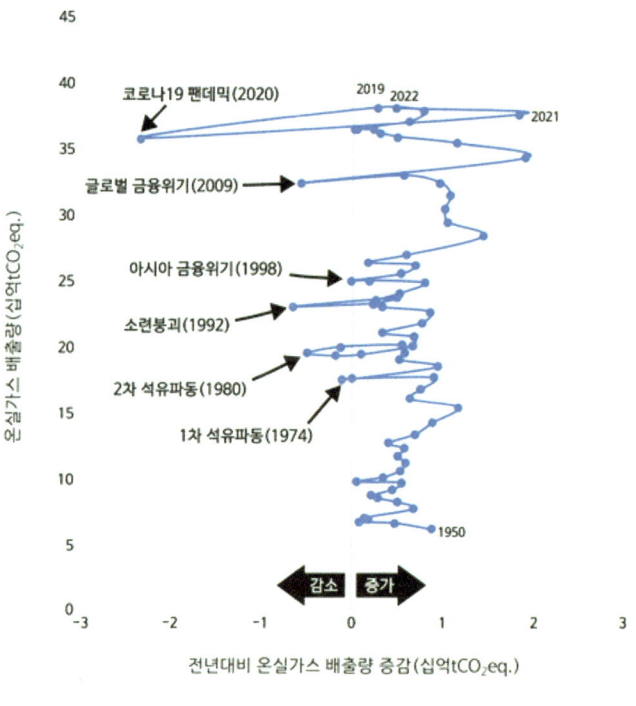

그림7 화석연료 연소로 인한 온실가스 배출량 추이.

2020년 전 세계 온실가스 배출량이 어떻게 변했는지부터 살펴볼까요? 그림8 은 카본 모니터(Carbon Monitor)의 실시간 데이터를 이용하여 전 세계 화석연료 연소와 시멘트생산에 따른 부문별 이산화탄소 배출량을 분석한 결과입니다.[13] 2020년 1월부터 11월 사이 2019년 같은 기간보다 배출량이 7.1% 감소하였네요.

사회적 거리 두기가 정점에 달했던 2020년 4월 이산화탄소 배출량 감소 폭이 가장 컸고, 연말로 갈수록 감소 폭이 줄어드는 걸 알 수 있어요. 사회적 거리 두기 완화로 경제활동이 회복되었기 때문이죠. 육상 수송 부문의 배출량이 가장 많이 줄었고, 전력과 산업 부문에서도 배출량이 큰 폭으로 감소했어요.

우리나라에서도 2020년 온실가스 배출량은 7억 1,296만 톤으로 2019년 7억 5,940만 톤에 비해 6.1% 줄었어요. 화력발전소와 공장에서 각각 7.1%, 3.2% 감소하였고, 농업 부문과 폐기물 부문도 각각 0.7%, 1.5% 줄었어요.[14]

코로나19 팬데믹은 소비자의 소비 행동에도 많은 영향을 주었어요. 다른 나라의 사례를 보면, 바이러스 확산 방지를

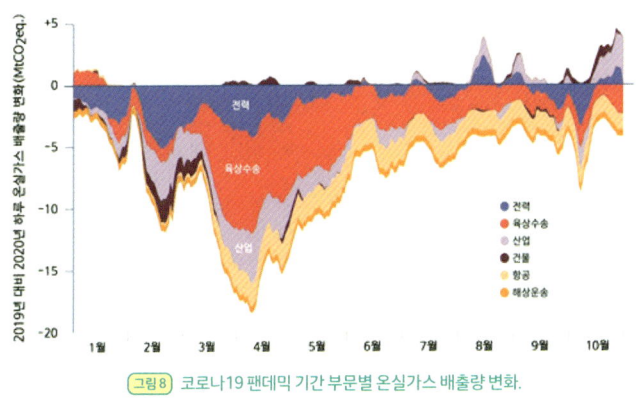

코로나19 팬데믹 기간 부문별 온실가스 배출량 변화.

위해 시행한 록다운으로 이동이 제한되며 전체 가계 소비가 줄었지만, 변화 양상은 소비영역별로 달랐죠. 서비스 소비는 감소하였고, 서비스 대체 상품 소비는 늘었어요. 교통, 서비스 부문의 소비가 급감했지만, 집에 머무는 시간이 늘어남에 따라 가전, 오락용품, 인테리어 용품 등 소비는 20~30% 증가하였습니다.

코로나19 팬데믹이 정점에 있던 2020년 우리나라 가정의 소비지출액은 2019년보다 실질금액 기준으로 2.8% 감소했어요.[15] 소비영역별 소비지출액 변화 양상을 살펴보면, 식료품, 주류·담배, 주거에너지, 가정용품, 보건 소비지출액은 증가했지만, 의류·신발, 교통, 오락·문화, 교육, 숙박 등 소비 지출액은 2019년보다 감소하여 팬데믹의 영향이 소비영역 별로 차이가 있음을 알 수 있어요(그림9 참조).

강력한 사회적 거리두기 정책의 영향으로 오락·문화 지출 액이 실질금액 기준 21.8% 감소하여 가장 많이 감소하였으며, 교육 또한 20.6%로 높은 감소 폭을 보였습니다. 반대로 모임 제한의 영향으로 집에서 요리를 직접 해 먹는 횟수가 늘

지출항목	2019년		2020년		증감률(%)	
	금액 (천원)	구성비 (%)	금액 (천원)	구성비 (%)	명목	실질
합계	2,457	100.0	2,400	100.0	-2.3	-2.8
식료품·비주류음료	333	13.5	381	15.9	14.6	9.7
주류·담배	36	1.5	38	1.6	4.8	4.5
의류·신발	138	5.6	118	4.9	-14.5	-15.2
가정용품·가사서비스	115	4.7	127	5.3	9.9	9.9
보건	202	8.2	221	9.2	9.0	7.4
교통	296	12.0	289	12.0	-2.4	-0.6
통신	123	5.0	120	5.0	-2.6	-0.6
오락·문화	180	7.3	140	5.8	-22.6	-21.8
교육	205	8.3	159	6.6	-22.3	-20.6
음식·숙박	346	14.1	319	13.3	-7.7	-8.5
기타 상품·서비스	206	8.4	204	8.5	-1.1	-3.0

그림9 2019년과 2020년 월평균 가계 소비지출액.

어남에 따라 식료품 소비는 9.7% 증가하였어요.

코로나19 팬데믹으로 소비자의 소비 행동이 크게 변했는데, 이들 행동 변화가 기후변화에 미치는 영향은 서로 다르게 나타났죠. 기후변화에 긍정적인 영향을 끼친 행동 변화도 있었지만, 일부는 부정적인 결과를 가져왔고, 일부 행동 변화에는 긍정적 효과와 부정적 효과가 모두 있었어요. 휴교와 직장폐쇄로 인한 온라인 수업과 재택근무로 이동 수요가 감소하였고, 그 결과 자가용 운행으로 배출되는 온실가스는 감소하였답니다. 국경봉쇄와 국경 내 이동 제한으로 항공여행이 급감하였고, 항공기운행 감소에 따라 항공부문의 온실가스 배출량이 가장 많이 감소하였어요.

다중이용시설 운영과 모임 인원수 제한에 따라 배달음식 수요가 늘어 일회용품 처리를 위한 온실가스 배출량이 증가하였습니다. 온라인 수업과 재택근무로 집에 머무르는 시간이 늘면서 야외에서 이루어지는 여가·오락 지출은 줄었지만, 주거에너지 소비 증가에 따른 온실가스 배출량은 늘었어요.

코로나19 팬데믹으로 우리는 많은 것을 멈추었고, 우리가 멈춘 사이 미세먼지 없는 파란 하늘이 나타났죠. 팬데믹 기간 온실가스 배출량이 일시적으로 감소하여 우리가 소비하고 생활하는 방식이 바뀌면 온실가스를 줄일 수 있다는 것을 보여주었습니다.

팬데믹으로 인한 온실가스 감소는 불가피한 상황에서 발생한 것이지만 이 경험을 통해 우리는 지속가능한 미래를 위한 중요한 교훈을 얻을 수 있었습니다. 단순히 덜 쓰는 것을 넘어, 어떻게 쓸 것인가에 대한 성찰과 그에 따른 행동 변화가 필요합니다. 정부와 기업, 그리고 우리 개개인이 모두 함께 노력하여 생산과 소비 전 과정에서 탄소발자국을 줄이는 노력을 해야 합니다. 이어지는 장에서는 쓰레기 분리수거를 넘어 진짜 탄소 다이어트를 위한 일상 속 실천 방안에 대해 알아보기로 해요.

2부

쓰레기 분리수거를 넘어선 진짜 탄소 다이어트

앞서 일상 속 탄소발자국을 어떻게 줄이면 될지 코로나19 팬데믹이 우리에게 준 교훈을 배웠어요. 특히 우리의 소비가 온실가스 배출에 얼마나 큰 영향을 미치는지 깨달았죠. 이제부터 우리 삶의 가장 중요한 부분인 음식을 통해 어떻게 탄소 다이어트를 시작할지 구체적으로 알아볼 거예요.

우리가 매일 먹는 음식은 지구에 큰 탄소발자국을 남깁니다. 음식이 생산되고, 운반되고, 가공되고, 소비되고, 버려지는 모든 과정에서 온실가스가 발생하기 때문이죠. 2020년 기준으로 음식과 외식의 탄소발자국은 약 1.49톤으로 우리나라 가정 탄소발자국의 약 12.1%를 차지한답니다. 이를 우리나라 모든 가정의 탄소발자국으로 환산하면 무려 3,051만

톤이나 돼요. 식량과 가축을 기르면서 배출하는 우리나라 농업 전체의 온실가스 배출량 2,309만 톤보다 훨씬 더 많은 양입니다. 우리가 매일 먹는 음식이 이렇게 많은 탄소발자국을 남긴다니 놀랍죠? 어떤 음식이 얼마나 많은 탄소발자국 남기는지 구체적으로 알아볼까요?

3-1 우리 가족이 먹는 음식의 탄소발자국

한 가족이 집과 밖에서 먹는 음식의 탄소발자국 1.49톤 중 농산물의 탄소발자국이 41.5%로 가장 비중이 컸고, 뒤를 이어 축산물 26.6%, 외식 20.1%, 수산물 10.7%, 가공식품 1.2%를 차지하였습니다. 개별 항목을 살펴보면, 곡물의 탄소발자국이 375.8kg, 육류 308.7kg, 외식 299.3kg, 수산물 158.0kg, 채소 121.8kg, 과일 89.7kg, 유제품 86.4kg 순이었어요.

전체 가공식품의 탄소발자국 비중은 1.2%로 가공식품의 재료가 되는 농수축산물보다는 낮았어요. 식재료를 가공하면서 에너지를 사용하게 되니 식재료의 탄소발자국에 가공

과정의 탄소발자국이 더해져 가공식품의 탄소발자국이 식재료보다 높아야 정상이잖아요. 그런데도 가공식품의 탄소발자국이 재료인 농수축산물보다 낮은 이유는 소비량이 상대적으로 적기 때문이에요. 과자를 많이 먹긴 하지만 채소나 고기보다는 적게 먹잖아요.

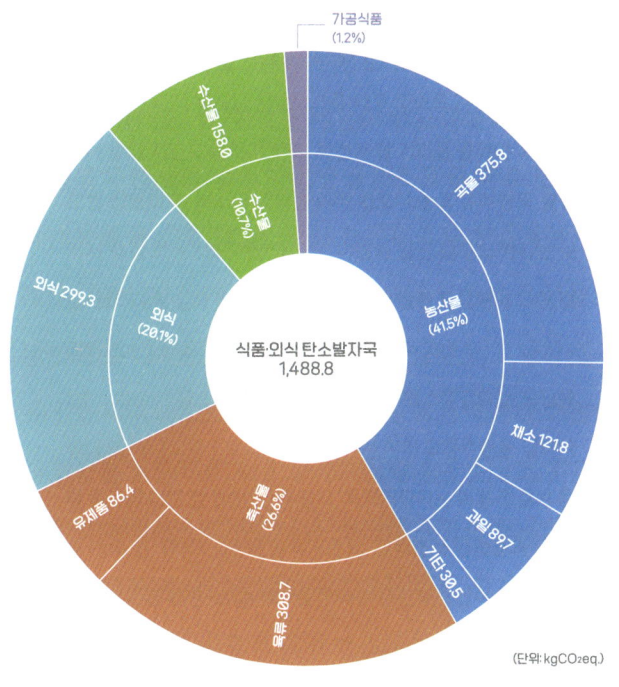

외식 메뉴 중 탄소발자국이 가장 큰 것은?

외식의 탄소발자국을 어떻게 줄일 수 있을지 알아볼까요? 정부는 외식의 탄소발자국 문제를 인식하고 한국인들이 많이 먹는 음식의 탄소발자국을 이미 분석해 놓았어요. 전과정평가를 통해 농산물 생산, 운송, 음식 조리과정에서 발생하는 온실가스양을 계산하였어요. 그 결과는 농업기술진흥원《밥상의 탄소발자국》이라는 서비스[17]에서 확인할 수 있어요.

한국인이 가장 많이 먹는 한식을 밥, 국, 탕, 찌개, 반찬, 면, 죽, 채소, 과일, 후식으로 분류한 후 각 음식의 탄소발자국을 제시하였어요. 우리가 일상적으로 먹는 음식 중 탄소발자국이 가장 큰 음식은 무얼까요? 설렁탕 한 그릇의 탄소발자국이 1만 11g으로 가장 높아요. 곰탕 9,736g, 갈비탕 5,052g, 육개장 3,006g으로 탕류의 탄소발자국이 다른 음식보다 훨씬 높았어요.《밥상의 탄소발자국》에서 다루지는 않았지만, 삼계탕의 탄소발자국도 꽤 높을 거예요. 탕류를 제외한 음식 중 탄소발자국이 가장 높은 것은 불고기로 탄소발자국이 3,480g이었어요. 다음으로 된장찌개 371g, 김치찌개 487g인데 탕류보다 훨씬 적은 온실가스를 배출한답니다.

한국일보《한끼 밥상 탄소 계산기》[18]는 한식 이외에 피자, 햄버거 세트, 후라이드 치킨 등 대표적인 배달음식의 탄소발자국도 소개하고 있어요. 피자 한 판의 탄소발자국은 2,000g, 햄버거 세트는 3,700g, 후라이드 치킨은 2,100g이라고 하네요.

설렁탕, 곰탕, 갈비탕, 육개장 등 탕류의 탄소발자국이 왜 높은지 짐작이 가나요? 음식의 탄소발자국이 농산물 생산, 운송, 음식 조리과정에서 발생하는 온실가스양이라는 사실을 상기해 보면 이유를 짐작할 수 있을 거예요. 탕류의 탄소발자국이 높은 첫 번째 이유는 고기를 재료로 사용하기 때문이에요. 가축을 기르는 동안 많은 온실가스가 배출됩니다. 그래서 고기의 탄소발자국도 높아요. 이건 나중에 좀 더 자세히 알아볼 거예요.

조리 시간이 길다는 게 두 번째 이유예요. "24시간 푹 고아낸 진한 사골 육수", 온라인 쇼핑몰에서 판매하고 있는 설렁탕 제품 광고입니다. 부모님과 함께 간 설렁탕 맛집에서도 비슷한 문구를 본 적 있죠? 어떤 설렁탕집은 이 문구 아래에 커다란 가마솥 한가득 뭉근하게 끓고 있는 뽀얀 국물 사진도 붙여놓았을 거예요. 예전에야 장작불로 가마솥을 데웠겠지만,

지금은 모두 도시가스로 가열하니 고는 시간이 길면 길수록 도시가스 사용량을 늘고 이에 따라 온실가스 배출량도 늘어납니다. 푹 고아낼수록 설렁탕의 탄소발자국은 커집니다.

《밥상의 탄소발자국》서비스를 이용하면 밥, 탕과 찌개, 반찬, 후식 등을 조합하여 한 끼 식사의 탄소발자국을 계산할 수 있어요. 설렁탕에 흰쌀밥 한 그릇과 깍두기를 곁들인 한 끼 식사의 탄소발자국은 1만 194g이에요. 오늘 제가 점심으로 먹은 김치찌개, 잡곡밥 한 그릇, 배추김치, 달걀후라이 한 개, 애호박나물, 깻잎 김치의 탄소발자국은 1,626g이네요. 이 두 끼 탄소발자국의 차이가 8,568g이나 됩니다. 매일 하루 한 끼 같은 메뉴로 외식한다면 한 해 동안 이 둘의 차이는 무려 3.1톤이나 되요. 너무 극단적인 예이긴 하지만 외식할 때 설렁탕 등 탕류 대신 다른 음식을 먹는 것만으로도 온실가스를 많이 줄일 수 있음을 잘 보여줍니다.

외식 메뉴를 고를 때 온실가스를 줄이고 싶다면 이 한 가지만 기억하세요. '탕류는 최대한 피한다' 그리고 가족들과 외식하러 가기 전에《밥상의 탄소발자국》을 열고, 탄소발자국이 작은 쪽으로 외식 메뉴를 정해 보세요.

농산물의 탄소발자국에 대해 알아볼 차례예요. 그림1 에서 보는 바와 같이 농산물의 탄소발자국은 곡물 375.8kg, 채소 121.8kg, 과일 89.7kg, 기타 30.5kg으로 합계 617.7kg이에요. 곡물 탄소발자국은 벼, 보리, 밀, 옥수수, 메밀, 콩 소비로 인한 탄소발자국을 포함하고 있어요. 채소는 노지에서 재배하는 것과 비닐하우스 안에서 재배하는 것을 포함하고 있습니다. 과일은 사과, 배, 복숭아, 포도, 감귤 등이 포함되어 있답니다.

먼저 곡물, 채소, 과일의 Scope 1 배출량(직접 배출량)을 알아볼까요? 탄소발자국은 Scope 1, 2, 3 배출량으로 이루어지고 이중 Scope 1 배출량은 어떤 상품이나 서비스를 생산하는 과정에서 화석연료 연소로 직접 배출되는 온실가스양이라고 소개했었는데 아직 기억하고 있죠? 곡물, 채소, 과일 등 농산물을 생산하는데 온실가스가 직접 배출될까요? 적지 않은 온실가스가 배출됩니다. 주로 농기계 연료와 난방 연료 사용에 의한 것입니다.

씨를 뿌리기 전에 논밭을 갈고, 병충해 방제를 위해 농약을 뿌리고, 수확할 때도 농기계를 씁니다. 농기계는 주로 경유를 연료로 사용합니다. 한겨울에도 신선한 채소가 나오고 심지어 딸기, 참외, 멜론도 먹을 수 있잖아요. 비닐하우스에서 기르는데 이때 난방을 위해 많은 양의 기름을 사용합니다. 따라서 농산물을 키울 때 온실가스가 직접 배출되죠.

벼를 키울 때도 온실가스가 많이 나오는데 이건 화석연료를 태우면서 나오는 온실가스와는 다른 종류에요. 벼는 물을 가두어 놓은 논에서 기른답니다. 그림2-1과 같이 논에 물이 차면 볏짚, 벼의 뿌리, 거름으로 뿌린 퇴비 등 흙 속에 있는 각종 유기물이 메탄생성균에 의해 분해되면서 메탄이 발생합니다.[19] 메탄은 지구온난화 효과가 이산화탄소의 28배나 돼서 배출량이 적더라도 온실효과는 큽니다. 우리나라 온실가스 배출량의 약 1.5%가 벼 재배 과정에서 나온답니다.

농작물을 키울 때 논과 밭에 뿌리는 화학비료와 퇴비에서도 온실가스가 직접 배출되요. 아산화질소죠. 아산화질소의 온난화 효과도 엄청 크죠. 이산화탄소의 256배나 됩니다. 메탄처럼 적은 양이 나와도 이산화탄소로 환산하면 많은 양이 되죠.

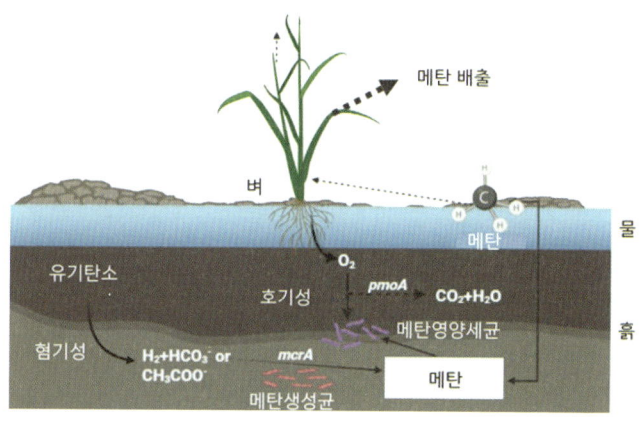

메탄 배출

벼

물

흙

유기탄소

호기성

O_2

$pmoA$

CO_2+H_2O

메탄영양세균

혐기성

$H_2+HCO_3^-$ or CH_3COO^-

$mcrA$

메탄생성균

메탄

메탄

그림 2-1 벼 재배 과정에서 메탄 배출 원리.

그림 2-2 벼 재배 메탄 배출량 측정 사례.

연료 사용에 의한 직접 배출량과 메탄과 아산화질소 배출량을 모두 합하면 농산물을 기르면서 나오는 온실가스 직접배출량을 구할 수 있어요. 2020년 기준으로 농산물의 직접배출량은 아래 그림3 과 같아요. 벼의 직접 배출량이 압도적으로 많죠? 앞서 소개한 것처럼 벼를 기르는 과정에서 배출되는 메탄양이 많기 때문이에요. 채소의 온실가스 직접 배출량도 다른 농산물보다 큰 것을 알 수 있어요. 비닐하우스에서 채소를 기르면서 난방을 위해 많은 화석연료를 사용하기 때문이에요.

[그림3]의 두 번째 행은 직접 배출량을 판매액으로 나눈 값이에요. 이 값에 해당 농산물의 소비지출액을 곱하면 그만큼의 소비로 인해 발생하는 온실가스 직접 배출량을 구할 수 있어요. 예를 들어 사과를 만 원어치 샀다면 온실가스 1.91kg이 배출됩니다.[20] 이건 직접 배출량이고 탄소발자국은 여기에 간접 배출량인 Scope 2, 3 배출량을 더해야 합니다. 사과, 배, 복숭아, 포도, 감귤 등 과일 종류에 따라 온실가스 배출량은 다르겠지만 앞서 설명할 것처럼 우리나라 경제를 380개 상품으로 분류하여 분석하다 보니 이들 과일이 모두 같다고 가정할 수밖에 없어요. 이런 한계가 있지만 대략적인 탄소발자국을 계산하는 데는 지장이 없답니다.

농산물의 탄소발자국이 어떻게 나오는지 알게 되었네요. 그럼 농산물의 탄소발자국을 어떻게 줄여야 할까요? 온실가스를 가장 많이 배출하는 쌀을 덜 먹는 게 가장 효과적일

	벼	잡곡*	콩	감자	채소	과일
직접 배출량(천톤)	7,324	84	113	255	2,535	879
직접 배출강도 (Kg/백만원)	907	295	200	191	210	191

그림3 농산물 온실가스 직접 배출량.　　　*밀, 보리, 옥수수, 메밀

것 같죠? 쌀은 주식이니 밥 대신 온실가스 배출량이 적은 밀로 만든 빵을 먹어야 할까요? 밀은 확실히 벼보다는 온실가스 배출량이 적습니다. 하지만 여기에 고려되지 않은 배출량이 있어요. 바로 해상운송과정에서 나오는 온실가스입니다. 그림3 의 배출량은 국내에서 발생하는 온실가스만을 고려한 것으로 해상운송과정에서 나오는 온실가스는 포함되어 있지 않아요. 우리가 먹는 밀의 98% 이상이 외국산이랍니다. 주로 미국, 호주에서 수입하고 있어요. 미국에서 수입하는 밀의 해상운송과정에서 나오는 온실가스 직접 배출량은 대략 백만 원당 221kg 정도입니다. 이 값을 그림3 의 값에 더해도 벼의 직접 배출량보다 적으니 밀을 먹는 게 쌀을 먹는 것보다 온실가스 배출량이 적긴 하겠네요.

농산물의 탄소발자국을 줄이기 위해선 채소를 주의 깊게 봐야 해요. 채소의 직접 배출량이 벼를 제외한 다른 농산물

보다 훨씬 많은 이유는 비닐하우스 난방을 위해 많은 양은 화석연료를 사용하기 때문이라고 했죠. 즉 겨울에도 신선한 채소와 딸기, 참외, 수박, 멜론을 제철보다 훨씬 일찍 먹으려 해서 생기는 일이에요. 채소의 탄소발자국을 줄이려면 제철 음식을 먹으려는 노력이 필요해요.

3-4 축산물의 탄소발자국이 높은 이유는?

가축을 기를 때 여러 단계에서 온실가스가 배출됩니다. 그림4 에 온실가스가 어디에서 배출되는지 표시해 놓았어요.[21] 2015년 전 세계에서 가축을 기르면서 배출한 온실가스 총량은 62억 톤이라고 합니다. 어마어마한 한 양이죠? 전 세계 온실가스 배출량의 약 12%에 달하는 양입니다. 이 중 39%가 사료를 재배하는 과정에서, 14%는 가축의 분뇨처리 과정에서, 41%는 장내발효에서, 6%는 고기를 가공하는 과정에서 나왔어요. 가축을 키우는 과정(장내발효와 분뇨처리)에서 55%, 사료를 만들고 운송하면서 39%, 가축을 고기로 가공한 후 판매점까지 운송하는 과정에서 6%가 발생한다고 보면 됩니다. 사료를 만들고 운송하는 과정에서도 가축을 키우는 과정 못지않게 많은 양의 온실가스가 배출된다는 것을 알 수 있어요.

장내발효가 뭘까 궁금하죠? enteric fermentation이라는 용어를 우리말로 번역한 건데 소, 양 등 반추동물의 위에서 메탄생성균을 포함한 많은 장내 미생물의 도움으로 풀을 소화하는 동안 발생하는 메탄이 트림이나 방귀로 나오는 것을 말해요. 앞에서 벼를 기르는 동안 논에서 메탄이 많이 나온다고 했

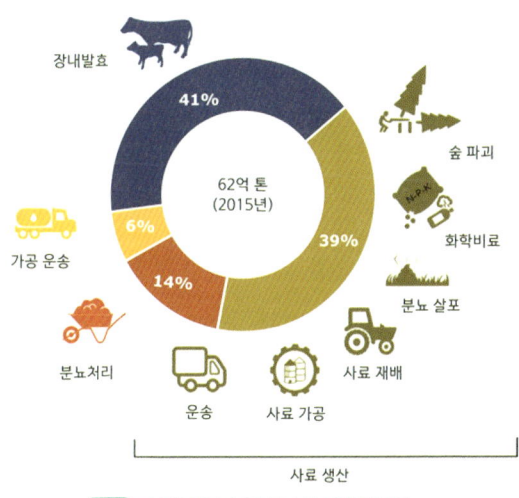

그림 4 가축을 기를 때 온실가스 배출원과 배출량.

었죠? 반추동물의 위와 물을 가두어 둔 논에서 메탄이 나오는 원리는 같답니다. 메탄생성균은 공기가 잘 통하지 않는 논바닥의 흙 속에도 있고, 반추동물의 첫 번째 위(반추위라고도 불러요)에도 있어요. 메탄생성균이 유기물을 먹고 내뱉는 게 메탄입니다. 반추위에 들어 있는 풀을 입안으로 토해 내 되새김질하는데 풀을 트림과 함께 토해 낼 때 메탄이 공기 중으로 배출돼요.

26.25kgCO$_2$eq.   7.41kgCO$_2$eq.   3.49kgCO$_2$eq.

소고기   돼지고기   닭고기

그림5 소고기, 돼지고기, 닭고기 1kg당 탄소발자국.

그럼 우리가 먹는 소고기, 돼지고기, 닭고기의 탄소발자국은 얼마나 되는지 알아볼까요? 유엔식량농업기구에 따르면, 2015년 고기 1kg 당 탄소발자국은 소고기 26.25kg, 돼지고기 7.41kg, 닭고기 3.49kg입니다. 소고기의 탄소발자국이 가장 높아 돼지고기의 3.5배, 닭고기의 7.5배에 달합니다.

소고기의 탄소발자국이 돼지고기나 닭고기보다 훨씬 큰 이유는 크게 두 가지입니다. 첫 번째 이유는 소는 반추동물로 트림이나 방귀로 메탄을 배출하기 때문이에요. 두 번째 이유는 소가 몸집을 키우는 데 사료를 더 많이 먹기 때문입니다. 요즘 축산업도 공장화되어 들어간 재료 대비 산출물, 즉 효율을 매우 중시합니다. 효율을 측정하는 대표지표가 사료요구율인데, 가축의 살을 1kg 찌우는 데 필요한 사료량으로 정의합니다. 사료요구율은 소 6~25, 돼지 4~9, 닭 2~5입니다.[22] 몸무게를 늘리는 데 소가 사료를 훨씬 더 많이 먹는다는 걸 알 수 있죠. 사료를 만들고 운반하면서 발생한 온실가스가 축산 전체 배출량의 39%라고 했지요? 사료를 더 많이 먹으면 온실가스를 더 많이 배출하는거죠. 우유, 요구르트 등 유제품의 탄소발자국도 같은 이유로 높아요.

이쯤 되면 가축이 온실가스를 엄청나게 배출하는 기후 악당으로 보이죠? 실제로 소 한 마리가 자동차 한 대보다 더 많은 온실가스를 배출한다는 기사가 나기도 했어요.[23] 이에 한우협회는 크게 반발하여 반박성 기사를 내기도 했는데요, 사건의 발단은 2006년 유엔식량농업기구가 발간한 〈가축의

긴 그림자(Livestock's Long Shadow)〉라는 보고서였어요. 보고서는 육류를 생산할 때 나오는 온실가스가 전 세계 온실가스 배출량의 18%에 이른다고 밝혔고 언론은 이를 육식으로 인한 온실가스가 자동차·비행기 등 수송 부문 배출량(약 14%)보다 많다라며 소를 기후 악당으로 몰아간 거죠.

하지만 이런 주장은 주먹구구식 셈법에 따른 오류임이 판명되었어요. 비교 대상 자체가 잘못되었던 거예요. 소는 사료 생산부터 고기 가공까지의 전과정을 평가대상으로 했지만, 자동차는 운행에 들어가는 연료량만을 평가대상으로 했으니 정당한 비교라 할 수 없죠.

그럼에도 불구하고 가축을 키울 때 온실가스가 많이 배출되는 건 엄연한 사실입니다. 가축 사육으로 인한 우리나라 온실가스 배출량은 2020년 기준으로 약 973만 톤으로 우리나라 전체 배출량의 1.5%였습니다. 이는 직접 배출량 즉 장내발효와 분뇨처리 과정에서 나오는 양만을 산정한 것으로 사료와 고기 가공 등 간접배출량을 포함하면 훨씬 더 늘어날 겁니다.

자 여기서 잠시 생각해봅시다. 가축을 왜 키울까요? 좀 전에 축산업이 이미 공장화되었다고 했었죠. 상품을 생산하는 공장이 돌아가는 건 그 상품에 대한 수요가 있기 때문이죠. 축산업도 마찬가지입니다. 우리가 고기를 먹으니 그 수요를 맞추기 위해 가축을 키우는 거죠.

2023년 우리나라 인구는 5,177만 4,521명이었어요. 소는 364만 8,093마리, 돼지는 1,108만 9,026, 닭은 1억 8,212만 6,760마리를 기르고 있었습니다.[24] 고기 소비량은 어떨까요? 1인당 고기 소비량은 1995년 27.45kg에서 2023년 60kg으로 꾸준히 증가하고 있습니다.[25] 1인당 소비량은 매년 소고기 2.8%, 돼지고기 2.5%, 닭고기 3.5%씩 증가하였네요. 앞서 소개한 고기 1kg 당 탄소발자국을 곱해보면 1인당 고기 소비에 따른 탄소발자국은 1995년 307kg에서 2023년 660kg으로 2.15배 증가하였습니다. 육류 소비량은 계속 늘었고 앞으로도 더 늘 거라 예상됩니다. 이에 따라 축산업의 온실가스 배출량도 계속 늘 겁니다.

결국은 소비의 문제로 귀결되네요. 고기를 덜 먹으면 가축을 덜 기르게 될 테고 가축을 기르면서 나오는 온실가스를 줄일 수 있을 겁니다. 매일 고기를 먹고 있다면 고기 먹지 않는 날을 정해서 채식 위주로 먹어도 좋겠고, 고기 없인 못 산다면 소고기나 돼지고기보다는 탄소발자국이 작은 닭고기를 먹는 건 어떨까요?

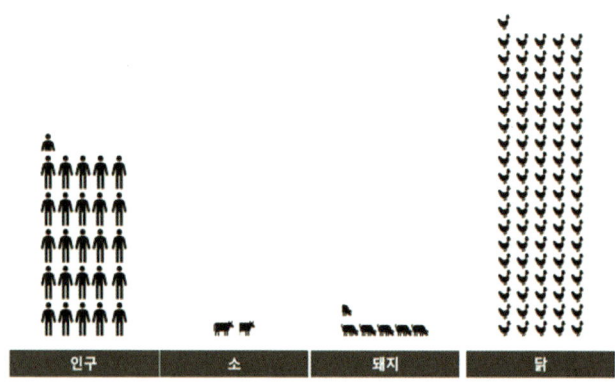

그림6 2023년 우리나라 인구수와 가축 사육 두수.

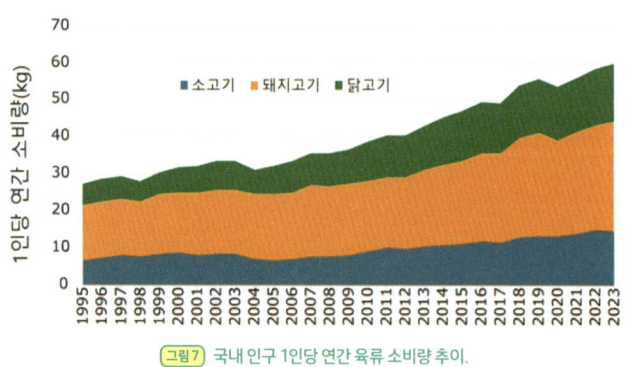

그림7 국내 인구 1인당 연간 육류 소비량 추이.

가축 사육 과정에서 발생하는 많은 양의 온실가스와 비윤리적 사육 방식이 부각되면서 환경적, 윤리적 대안으로 대체육에 관한 관심이 한동안 대단했었죠. 대체육은 단순한 유행을 넘어 환경적, 윤리적, 그리고 건강상의 이점을 제공하며 우리 식탁에 적지 않은 변화를 불러올 거라 기대하는 사람들이 여전히 많아요. 대체육이 정말 지속가능한 미래를 위한 현명한 선택일까요?

대체육은 크게 식물성 단백질과 배양육으로 나눌 수 있는데 서로 다른 기술로 만들어요. 식물성 대체육은 가장 보편적이고 상업적으로도 이미 어느 정도 성공을 거두었습니다. 콩 단백질, 완두콩 단백질, 밀 단백질, 버섯 등 다양한 식물 단백질을 가공하여 만듭니다. 식물성 대체육은 실제 고기의 맛, 질감, 색깔을 모방하기 위해 다양한 첨가제를 사용합니다.

1세대 식물성 대체육은 밀 글루텐으로 만든 콩고기로 비교적 간단한 가공을 통해 만들어졌고, 고유의 맛과 질감이 강해 육류를 대체하기에는 한계가 있었습니다. 2세대 식물성 대체육은 2010년대 중반 이후 비욘드 미트(Beyond Meat)와 임파서블 푸드(Impossible Foods)를 필두로 등장했어요. 이들은 혁신적인 기술을 통해 고기의 섬유질과 지방을 재현했어요. 특히 임파서블 푸드는 식물성 헴(Heme) 성분을 사용하여 고기 풍미와 색을 구현했습니다. 버거 패티, 소시지, 치킨 너겟 등 다양한 형태로 출시되어 시장에서 큰 인기를 끌고 있답니다.

3세대 식물성 대체육은 미생물을 이용한 정밀 발효 기술을 활용하여 대체육의 맛과 영양을 한 단계 더 끌어올릴 거라 평가받고 있어요. 3D 푸드 프린팅 기술을 이용하여 고기의 복잡한 질감과 마블링을 재현하려는 시도도 활발하게 이루어지고 있습니다.

배양육은 동물에서 채취한 소량의 세포를 배양액에서 인공 증식시켜 만듭니다. 실제 고기의 세포로 구성되므로, 맛, 질감, 영양성분 면에서 실제 고기와 매우 흡사하다는 장점이 있어요. 세계 최초의 배양육은 2013년 네덜란드 마스트리흐트 대학의 마크 포스트 교수가 만들었는데, 140g짜리 배양육 햄버거 패티 2개를 만드는 데 약 7억 4,000만 원이 들었다고 합니다. 포스트 교수의 선구적인 실험 이후 많은 스타트업들이 배양육 사업에 뛰어들었어요.

잇저스트(Eat Just)가 대표적인데, 2020년 싱가포르에서 세계 최초로 배양 닭고기 판매 승인을 받아 배양육 상업화의 물꼬를 텄습니다. 2023년 미국에서도 UPSIDE Foods와 Good Meat의 배양 닭고기가 FDA와 USDA 승인을 받아 레스토랑에서 판매되기 시작했습니다. 배양육은 실제 고기 세포를 이용하기 때문에 고기를 흉내 낸 식물성 대체육의 한계를 넘어 실제 고기를 인공적으로 만들어 내겠다는 시도지만 기술적으로나 윤리적으로나 아직 넘어야 할 산이 많다고 평가받고 있어요.

그럼, 대체육은 정말 육류 소비로 인한 온실가스 배출량을 줄일 환경친화적인 대안이 될 수 있을까요? 2세대 식물성 대체육

의 탄소발자국은 0.2kg로 닭고기의 절반밖에 안 되니 확실한 대
안이 될 수 있겠네요.[26] 하지만 3세대 식물성 대체육이나 배양육
의 탄소발자국은 소고기보다 약간 낮은 수준으로 아직 갈 길이
멀어 보입니다. 이들의 탄소발자국이 큰 건 발효나 세포 배양을
위해 아주 많은 에너지를 사용하기 때문입니다. 기술이 발달하
면 에너지 사용량이 줄어 탄소발자국도 낮아지겠지만 아직은 배
양육을 찾기보다는 고기를 적게 먹는 쪽이 탄소발자국을 줄이는
더 확실한 방법이겠어요.

		100kcal당 환경영향			
		탄소발자국 (kgCO₂eq.)	토지이용 (m²)	물사용 (m³)	에너지 (MJ)
육류	소고기	1.85	1.90	0.57	2.76
	돼지고기	0.41	0.76	0.17	1.77
	닭고기	0.40	0.61	0.09	1.06
대체육	1세대 대체육	0.29	0.44	0.00	3.42
	2세대 대체육	0.20	0.15	0.00	3.04
	3세대, 배양육	1.33	0.03	0.02	18.39

그림 8 대체육의 환경 영향.

탄소 줄이기, 농업의 지혜를 빌리다

지금까지 음식과 관련된 탄소발자국이 어떻게 발생하는지, 어떻게 하면 줄일 수 있을지 알아봤어요. 먹거리 중 농축산물이 온실가스 배출에 적지 않은 영향을 미친다는 점을 알게 되었죠. 그런데 농업과 축산업은 환경을 해치는 산업이라고 오해하는 친구들이 있을까 봐 걱정되네요. 농업은 인류의 생존에 필수적인 먹거리를 생산하는 산업일 뿐만 아니라 지구온난화 문제 해결에 중요한 역할을 할 수 있는 산업이기도 합니다.

농업은 식물의 광합성 작용을 기반으로 합니다. 식물이 자라면서 대기 중의 이산화탄소를 흡수하여 탄소를 자신의 몸(바이오매스)과 흙에 저장하는 데 이를 탄소 격리라 부릅니다. 가축을 잘 활용하면 흙을 비옥하게 하여 흙 속 탄소 저장량을 늘릴 수 있다는 연구결과도 있습니다. 가축 똥오줌을 퇴비로 만들어 농지에 뿌리면 흙 속의 미생물이 늘고 이들 미생물이 먹고 싸면서 토양 유기물 함량이 늘어 탄소 저장량 증가로 이어지는 거죠.

최근 농축산업을 온실가스 배출 산업이 아닌 탄소 격리 산업으로 전환하려는 움직임이 활발하게 일어나고 있어요. 2023년 두바이에서 열린 유엔기후변화협약 당사국총회[27]에서 프랑스가 제안한 4‰ 이니셔티브(4 per 1000 Initiative)가 논의되었습니다. 전 세계 농경지 토양의 유기탄소를 매년 0.4%(4‰)씩 늘리면 한해 배출되는 이산화탄소양만큼의 탄소를 흙 속에 가둘 수 있어 대기 중 이산화탄소 농도 증가를 멈출 수 있다는 아이디어에서 시작된 것입니다. 이 외에도 재생농업(Regenerative Agriculture), 탄소 농업(Carbon Farming) 등 농축산업을 통해 온실가스를 줄이려는 시도들이 이루어지고 있어요.

이런 혁신적인 농업의 선두 주자이자 재생농업의 살아있는 전설로 불리는 미국 농부 게이브 브라운(Gabe Brown) 씨를 가상으로 초청하여 농축산업이 어떻게 기후변화의 해결책이 될 수 있는지 알아보겠습니다.[28]

그림 9 게이브 브라운과 방목하는 소들.

Q 안녕하세요, 게이브 브라운 선생님, 이 자리에 함께해 주셔서 정말 감사합니다.

게이브브라운 안녕하세요! 한국 청소년들과 이렇게 대화할 기회를

갖게 되어 기쁩니다. 제가 하는 일이 환경을 생각하는 이들에게 조금이나마 영감을 줄 수 있다면 좋겠네요.

Q 선생님의 농장 브라운스 랜치(Brown's Ranch)는 메마른 땅을 비옥하게 하고, 환경을 지키면서도 높은 수익을 올리는 재생농업의 성공 모델로 잘 알려져 있습니다. 기후위기 속에서 농업인뿐만 아니라 기후위기에 관심이 많은 사람에게도 희망을 주고 있습니다. 먼저 재생농업이라는 개념이 조금 생소한데 쉽게 설명해 주시기 바랍니다.

게이브 브라운 재생농업은 한마디로 자연의 원리를 따라 짓는 농사라고 할 수 있습니다. 우리는 오랫동안 땅을 갈고, 화학비료와 농약을 사용해 농사를 지어왔습니다. 그런데 이 농사법은 토양을 병들게 하고, 흙 속에 저장된 탄소를 대기 중으로 방출시키는 결과를 낳았죠.

재생농업은 정반대입니다. 밭을 갈지 않고(무경운), 다양한 작물을 돌려 심고(작물 다양성), 흙을 항상 작물이나 덮개작물로 덮어두고(멀칭), 가축을 적절히 이용하고(가축 이용), 뿌리가 잘 발달한 식물을 함께 심어(살아있는 뿌리) 토양 생물 다양성을 높이고 이들의 활동을 활발하게 하여 흙을 건강하게 만드는 것이 재생농업의 핵심입니다.

Q 흙을 건강하게 만든다고 하셨는데 구체적으로 어떤 의미인가요? 그리고 건강한 흙이 탄소 격리와 어떻게 연결되나요?

게이브 브라운 아주 중요한 질문입니다. 땅이 건강하다는 것은 단순히 작물이 잘 자란다는 의미를 넘어섭니다. 건강한 흙은 살아있는 생명체와 같습니다. 미생물, 벌레, 지렁이 등 수많은 생물이 토양 속에서 복잡한 생태계를 이루고 있죠. 우리가 재생농업을 통해 이 생물들을 다시 흙으로 끌어들여 잘 먹이고 살기 좋은 환경을 만들어 주면 이들은 놀라운 일을 해냅니다.

식물은 광합성을 통해 공기 중에 있는 이산화탄소를 흡수하고, 이 중 상당 부분을 당 형태로 뿌리 주변의 미생물에게 공급합니다. 미생물들은 이 당을 에너지원으로 삼아 번식하고, 토양 유기물을 만듭니다. 이 토양 유기물이 바로 탄소를 저장하는 창고입니다. 우리 농장에서는 지난 20여 년간 토양 유기물 함량을 1.7%에서 6%로 끌어올렸습니다. 이는 수천 톤의 탄소를 토양에 격리했다는 것을 의미합니다.

Q 토양이 탄소 저장고가 된다는 사실이 정말 놀랍습니다. 가축을 잘 이용하면 토양의 탄소 함량을 더 빨리 늘릴 수 있다고 들었습니다. 선생님 농장에서는 가축을 어떻게 활용하시나요?

게이브 브라운 우리는 소, 양, 닭 등 다양한 가축을 기릅니다. 가둬 키우지 않고 이동식 방목(Rotational Grazing)이라는 방법으로 목초지에 방목하여 기릅니다. 목초지를 여러 개의 구역으로 나눈 후 이동식 방목을 통해 소와 양이 한 구역의 풀을 뜯어 먹게 한 다음 다른 구역으로 옮겨주고, 풀을 뜯어 먹은 구역에 닭을 풀어 기릅니다. 풀을 뜯는 동안 소가 남긴 분뇨는 닭이 골고루 파헤쳐 목초지에 최고의 천연 비료가 됩니다.

가축들이 풀을 뜯어 먹는 과정에서 식물은 더 강하게 자라기 위해 뿌리를 깊게 내리는데 이 과정에서도 토양 유기물 생성이 촉진됩니다. 가축이 흙을 밟으면 흙 표면에 있던 유기물이 땅속으로 들어가 토양 유기물이 더 늘어나기도 합니다. 가축은 토양 생태계의 중요한 구성원이 되어 건강한 땅을 만드는 데 기여하고 자연스럽게 토양의 탄소 격리 능력을 올립니다. 올바른 방식으로 기른 가축은 온실가스 배출의 주범이 아니라 탄소를 땅속에 가두는 데 도움을 주는 탄소 격리 파트너가 될 수 있습니다.

Q 선생님의 농장 이야기를 들으니 농업과 축산업이 기후변화를 일으키는 게 아니라 오히려 기후변화를 완화하는 역할을 할 수 있다는 희망이 생깁니다. 마지막으로 청소년들에게 해 주고 싶은 말씀이 있으면 한말씀 부탁드립니다.

게이브 브라운 농업은 오랫동안 땅을 착취하는 산업으로 여겨졌고, 요즘은 기후변화를 일으킨다고 비난받기도 합니다. 이제는 인식을 바꿔야 합니다. 농업은 공기 중의 탄소를 포집하여 거대한 살아있는 저장고에 가둘 수 있습니다. 재생농업은 단지 건강한 음식을 생산하는 것을 넘어 기후위기를 완화하고 농업인들에게 지속가능한 삶을 제공하는 해결책입니다.

우리는 지금 기후변화라는 큰 도전에 직면해 있지만, 절망할 필요는 없습니다. 우리가 어떤 음식을 먹고, 어떤 방식으로 생산된 음식을 선택하느냐에 따라 지구의 미래를 바꿀 수 있습니다. 여러분이 당장 재생농부가 될 수는 없겠지만 식탁에서부터 변화를 시작할 수 있어요. 어떤 농사법으로 생산된 식품인지 관심을 가지고, 재생농업으로 길러진 식품을 선택하려고 노력하는 것만으로도 큰 변화를 만들어 낼 수 있습니다.

한국에는 저탄소 농축산물 인증제도가 있다고 들었어요. 아직 재생농업의 탄소격리 효과와 격차는 있지만, 농산물과 가축을 기르면서 발생하는 온실가스를 줄이는 효과가 있어요. 부모님과 장을 보러 가서 저탄소 인증을 받은 먹거리를 사면 온실가스를 줄이는데 조금이나마 기여할 수 있을 겁니다. 학교나 가정에서 작은 텃밭을 가꿔 보는 것도 좋습니다. 직접 흙을 만지고 식물이 자라는 것을 보면서 자연의 순환과 농업의 중요성을 깨닫게 될 것입니다.

토양엔 굉장한 회복력이 있습니다. 우리가 자연의 원리를 존중하고 협력한다면 땅은 다시 생명력으로 가득 차고, 우리의 식탁은 더욱 풍요로워지며, 지구는 다시 건강을 되찾을 수 있다고 확신합니다. 거대한 탄소 저장고가 되는 것은 물론이고요. 여러분이 바로 그 변화의 주역이 되어 주세요. 감사합니다.

Q 게이브 브라운 선생님의 귀한 말씀 정말 감사합니다. 오늘 대화는 농업에 대한 우리의 인식을 완전히 바꾸는 계기가 될 것 같습니다. 우리는 농업, 특히 재생농업이 기후변화에 맞서 싸울 강력한 무기가 될 수 있음을 알게 되었습니다. 이제 농축산업은 온실가스를 배출하는 산업을 넘어 온실가스를 적극적으로 흡수하고 격리하는 산업으로 변화하고 있음도 배웠습니다. 농업이 온실가스 감축에 핵심적인 역할을 할 수 있다는 희망을 안고 우리도 식탁 위 탄소발자국 줄이기 위한 작은 실천부터 시작해야겠습니다.

우리가 먹는 음식과 관련된 탄소발자국 중 가장 안타까운 것이 바로 음식물 쓰레기로 인한 탄소발자국이에요. 힘들게 기른 먹거리 일부는 식탁에 오르기도 전에 쓰레기로 버려지고 우리 식탁에 올랐다가 남아서 버려지기도 합니다. 버려지는 음식물과 함께 먹거리를 생산하고 운반하면서 사용된 에너지가 낭비되고 이로 인해 온실가스가 헛되이 배출되는 거죠.

유엔환경계획의 조사에 따르면, 2022년 한 해 전 세계에서 발생한 음식물 쓰레기가 무려 10억 5,200만 톤에 달한다고 합니다.[29] 이는 그 해 공급된 전체 먹거리의 19%에 달하는 양입니다. 2023년 한 해 우리나라 최종 소비 단계에서 배출된 음식물 쓰레기는 443.7만 톤이었어요.[30] 가정에서 배출한 양이 가장 많은데, 전체 배출량의 52%인 230.8만 톤을 배출했어요. 우리나라 국민 한 사람이 하루 310.9g을 배출하는 셈입니다.

우리가 버린 음식물 쓰레기가 어떻게 처리되는지 알아볼까요? 종량제 봉투에 담아 버리거나 RFID 처리기에 버린 음식물 쓰레기는 전용 차량이 정기적으로 수거하여 음식물 쓰

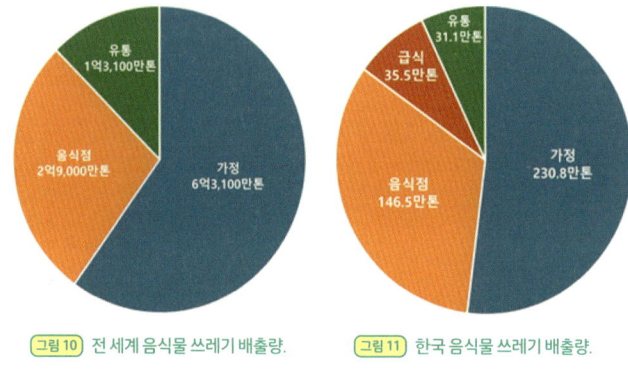

전 세계 음식물 쓰레기 배출량.

한국 음식물 쓰레기 배출량.

레기 처리장으로 싣고 갑니다. 처리장에서는 비닐, 돌, 조개 껍데기 등 불순물을 제거한 후 물을 뺍니다. 물을 뺀 후 건조를 거쳐 가축 사료나 퇴비를 만들거나 제거한 물과 함께 발효하여 메탄을 생성한 후 이를 에너지화합니다. 메탄은 그림 12 에서 보는 것처럼 보일러의 연료로 사용하든가 발전기를 돌려 전기를 생산하는 데 씁니다. 메탄을 원료로 하여 수소를 생산하기도 해요. 많은 지자체가 음식물 쓰레기를 수거하여 메탄을 만들고 있어요. 혹시 음식물 자원화 시설을 보셨는지 모르겠네요. 이 시설이 바로 음식물 쓰레기를 발효하여 메탄을 만드는 시설이에요.

음식물 쓰레기를 태우거나 땅에 묻기도 하지만 그 양은 3% 정도로 미미하답니다. 음식물을 분리배출하지 않았을 때는 일반 쓰레기와 함께 땅에 묻혀 강력한 온실가스인 메탄을 배출했지만, 요즘은 묻는 양이 거의 없어요. 좀 전에 소개한 것처럼 발효를 통해 메탄을 발생시켜 에너지원으로 사용한답니다.

가정이나 음식점에서 나온 음식물 쓰레기를 퇴비나 사료를 만들어 재활용하던, 메탄가스를 만들어 에너지화하던 수거하고 처리하는 과정에 에너지가 사용되고 이에 따라 온실

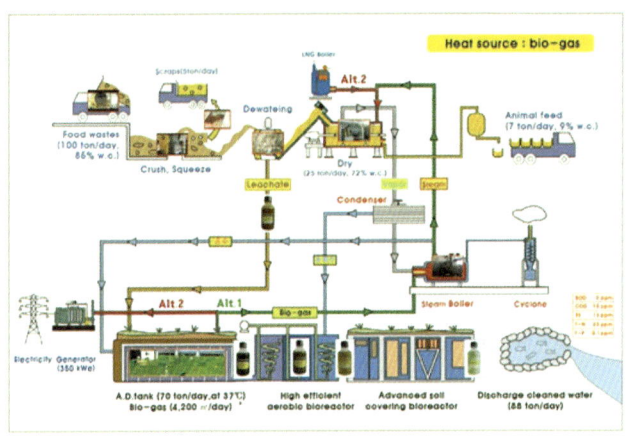

그림 12 음식물 쓰레기 처리 절차.

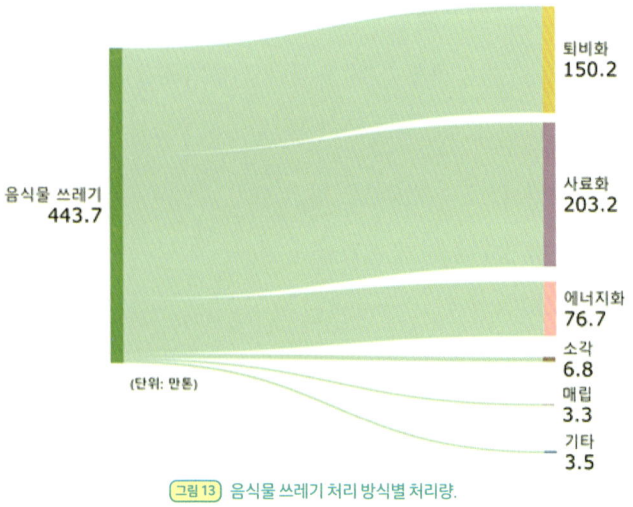

음식물 쓰레기
443.7

(단위: 만톤)

퇴비화
150.2

사료화
203.2

에너지화
76.7

소각
6.8

매립
3.3

기타
3.5

그림 13 음식물 쓰레기 처리 방식별 처리량.

가스가 나옵니다. 음식물 쓰레기 1g을 처리하는 데 나오는 온실가스양은 1.34g이라고 합니다.[31] 앞서 소개한 2023년 우리나라 국민 한 사람의 하루 음식물 쓰레기 배출량 310.9g에 이 값을 곱하면 음식물 쓰레기로 인한 1인당 한 해 온실가스 배출량은 152.1kg입니다.[32] 우리나라 가정의 평균 가족 수가 2.4명이니 음식물 쓰레기로 인한 한 가정의 한 해 온실가스 배출량은 365kg입니다. 집에서 먹는 음식 중 탄소발자국이 가장 큰 곡물 소비로 인한 온실가스 배출량 375.8kg과 비슷하네요.

탄소발자국이 작은 음식을 먹는 것 못지않게 음식물 쓰레기를 만들지 않는 것도 중요하겠죠? 하지만 어쩔 수 없이 음식이 남을 때도 있잖아요? 음식을 해 먹으려고 사놨는데 외식할 일이 생겨 먹지 못하게 되는 경우처럼 말이죠. 이럴 땐 공유 냉장고에 기부해 보세요. 공유 냉장고는 누구나 음식물을 넣고 가져갈 수 있는 우리 동네 사랑 나눔 공유 프로젝트입니다. 이웃과 음식을 나눔으로써 정을 나누고 먹거리 복지 사각지대를 해소하며, 음식물 쓰레기를 줄여 환경을 지키는데 기여하려는 지역 사회 운동이에요.

영화제작자인 발렌틴 툰이 2010년 제작한 〈쓰레기를 맛보자(Taste the Waste)〉라는 다큐멘터리에 자극받은 시민들이 버려지는 멀쩡한 음식을 공유 냉장고에 넣어 이웃과 공유하면서 시작되었어요. 전 세계 240여 개 도시에서 운영하고 있고 우리나라에서는 서울 송파구·성북구, 경기도 수원·안산·광명·이천, 대전 유성구, 충남 홍성군 등에서 운영하고 있어요. 공유 냉장고에 대해 더 자세히 알고 싶으면 우리나라에서 가장 활발하게 활동하고 있는 수원공유냉장고시민네

트워크 홈페이지[33]를 참고하세요.

    팔다 남은 음식을 기부하는 푸드뱅크라는 프로그램도 있어요. 음식을 파는 가게, 식당, 기업들이 주로 참여하지만 개인도 참여할 수 있어요. 푸드뱅크에 음식을 기부함으로써 2022년 한 해 온실가스 68,184톤을 줄인 효과가 있었다는 연구결과도 있어요.[34] 음식물 쓰레기 일부분만이 푸드뱅크에 기부되었겠지만 이런 시도를 더 확대하면 음식물 쓰레기 탄소발자국도 줄이고 음식물이 필요하신 분들의 먹거리 문제도 해결하는 일석이조의 효과를 거둘 수 있겠죠? 참여 방법을 알고 싶다면, 푸드뱅크 홈페이지[35]를 방문해 보세요.

3-6 식탁 위 탄소발자국을 효과적으로 줄이는 방법

지금까지 우리 식탁 위에 올라오는 다양한 음식과 음식물 쓰레기는 얼마나 큰 탄소발자국을 남기는지 알아보았습니다. 우리가 먹고 버리는 모든 음식이 지구에 탄소발자국을 남긴다니 맘이 조금 불편하지요? 하지만, 걱정하지 마세요. 이제부터 쉽게 실천할 수 있는 식탁 위 탄소발자국을 줄일 멋진 방법들을 알려 줄게요.

육식 줄이기와 똑똑한 육식 선택하기

음식의 탄소발자국을 줄이는 가장 효과적인 방법은 육식을 끊는 겁니다. 이건 외식과 집밥 모두에 해당해요. 한식 외식 메뉴 중 탄소발자국이 가장 큰 것이 무엇인지 아직 기억하죠? 바로 설렁탕이에요. 설렁탕 한 그릇의 탄소발자국이 무려 10kg이었어요. 다른 고기 메뉴의 탄소발자국도 높으니 육식을 하지 않으면 많은 양의 온실가스를 줄일 수 있겠죠? 하지만 하루아침에 고기를 끊고 채식주의자가 되기는 어렵겠죠? 괜찮아요. 플렉시테리언이 되어 유연하게 육식을 줄이는 것만으로도 큰 변화를 만들 수 있습니다.

고기를 먹더라도 소고기보다는 돼지고기, 돼지고기보다는 닭고기를 먹도록 해요. 소고기가 가장 높은 탄소발자국을 가지고 있다는 것을 배웠습니다. 소는 메탄가스를 배출하고, 사육을 위해 많은 사료가 필요하기 때문이죠.

실천 팁　평소 소고기 위주의 식사를 즐겼다면, 돼지고기나 닭고기로 대체하는 횟수를 늘려 보세요. 햄버거를 먹을 때도 소고기 패티 대신 닭고기 패티나 식물성 패티를 선택하는 작은 변화가 모이면 큰 차이를 만듭니다. 아예 고기 없는 채식 데이를 가족과 함께 실천해 보는 것도 좋은 방법입니다.

유제품 대신 식물성 음료 선택하기

우유, 치즈, 요구르트 등 유제품 역시 탄소발자국이 큽니다. 유제품을 대체할 수 있는 식물성 음료들이 많이 나왔어요. 콩으로 만든 두유는 단백질이 풍부하고, 귀리로 만든 귀리 음료는 고소하고 식이섬유도 풍부합니다. 아몬드 유, 코코넛 밀크 등 다양한 식물성 음료들이 있으니 취향에 맞게 선택해 보세요. 이들 식물성 음료는 생산 과정에서 우유보다 훨씬 적은 물과 토지를 사용하며, 탄소발자국도 현저히 낮습니다.

실천 팁　아침에 시리얼을 먹을 때나 커피를 마실 때 우유 대신 식물성 음료를 넣어 보세요. 카페에 오트 밀크 옵션이 있다면 선택해 보는 것도 좋아요.

로컬푸드, 제철 음식으로 신선함과 탄소 감축을 동시에!

로컬푸드와 제철 음식은 신선하고 맛있을 뿐만 아니라, 지구를 위한 현명한 선택입니다. 로컬푸드는 여러분이 사는 지역 근처에서 생산된 농산물을 말해요. 집까지 운송 거리가 짧아 운송 과정에 트럭 등 운송기구의 온실가스 배출량을 크게 줄일 수 있습니다. 유통 단계가 줄어들어 더 신선하고 불필요한 포장재 사용도 줄일 수 있어요.

우리 로커보어(Locavore)가 되어봐요. 로커보어는 지역(local)과 먹는 사람(vore)의 합성어로 자기 집에서 160km 이내에서 생산된 음식만 먹는 사람을 뜻해요. 모든 음식을 이런 기준으로 선택할 수는 없겠지만, 우선 농축산물만이라도 지역에서 생산된 것을 선택하는 마음가짐이 중요하겠죠?

제철 음식은 특정 계절에 자연적으로 풍성하게 생산되는 농산물입니다. 제철 음식은 비닐하우스에서 난방하거나 먼 나라에서 비행기로 운송해 올 필요가 없어요. 따라서 불필요한 에너지 소비와 운송으로 인한 탄소 배출량을 줄일 수 있습니다. 게다가 영양가도 풍부하고 맛도 좋답니다.

마트나 시장에 장 보러 가면 먹거리가 어디서 왔는지, 요즘이 제철인지 한 번쯤 확인해 보세요. 로컬푸드 직매장을 이용하거나, 마르쉐[36]와 같은 농부 시장을 이용해 보는 것도 좋은 방법입니다.

저탄소 농축산물과 소농의 농산물 먹기

어떻게 생산되었는지에 따라 농축산물의 탄소발자국이 크게 달라집니다. 우리나라엔 농림축산식품부에서 인증하는 저탄소 농축산물이 있습니다. 생산 과정에서 화학비료나 농약을 덜 사용하고, 에너지 효율을 높이는 등 온실가스 배출량을 줄인 농법으로 생산된 농축산물에 부여하는 인증입니다.

그림 14 저탄소 농축산물인증 마크.

대규모 공장형 농축산업은 환경에 큰 부담을 줍니다. 반면, 작은 규모의 소농들은 지속가능한 농법으로 농사를 짓는 경우가 많고, 이들의 생산물은 복잡한 유통 과정을 거치지 않아 운송 과정에서 발생하는 탄소발자국도 줄일 수 있어요.

실천 팁 마트에서 저탄소 인증 마크가 붙은 농산물을 찾아보세요. 이 마크를 선택하는 것만으로도 지속가능한 농업을 응원하고 기후위기를 극복하는 일에 동참할 수 있습니다. 지역 직거래 장터나 마르쉐 등 농부 시장을 이용해 보세요. 소농을 돕고, 지역 경제를 살리며, 환경에도 좋은 일석삼조의 효과가 있습니다.

음식물 쓰레기 줄이기는 식탁 위 탄소발자국 줄이기의 마무리

음식물 쓰레기는 수거와 처리 과정에서 많은 온실가스를 배출합니다. 식탁 위 탄소발자국을 줄이는 가장 중요한 실천 중 하나가 바로 음식물 쓰레기 줄이기입니다.

실천 팁 **계획적인 장보기:** 먹을 만큼만, 필요한 만큼만 구매해요. | **냉장고 속 재료 확인:** 이미 있는 재료부터 먼저 사용해요. | **먹을 만큼만 조리하고 덜어 먹기:** 욕심내지 말고, 남기지 않는 것이 중요해요. | **남은 음식 지혜롭게**

활용하기: 새로운 요리로 변신시켜 맛있게 다 먹어요.

학교 급식을 탄소 다이어트의 핵심 거점으로

여러분은 하루 한 끼 이상을 학교 급식으로 해결합니다. 집에서 식탁 위 탄소발자국을 줄이기 위해 많이 노력하는데 학교 급식의 탄소발자국이 높다면 아쉽겠죠? 학교 급식 탄소발자국을 줄이는 실천 방법을 알아봅시다.

실천 팁 **메뉴 변화:** 소고기 메뉴를 줄이는 게 가장 시급합니다. 이 말을 저희 딸에게 했더니 학교 급식에선 소고기를 먹어본 적이 없다고 하네요. 아마도 예산 때문에 비싼 소고기를 쓰지는 못하나 봅니다. 소고기 메뉴가 없다면 돼지고기, 닭고기 등 육식 메뉴를 줄여야 해요. 육류 메뉴가 불가피하다면 돼지고기 대신 닭고기로 바꾸는 것이 좋아요. 일주일에 한 번 이상 채식 급식의 날을 정하는 것도 좋은 방법입니다. | **로컬푸드와 제철 식재료 사용 확대:** 지역에서 생산된 신선한 제철 농산물을 사용하면 운송 거리를 줄여 탄소 배출량을 줄일 수 있습니다. 이는 지역 농가에도 큰 도움이 됩니다. | **음식물 쓰레기 줄이기 교육과 캠페인:** 급식실에서 남기지 않고 먹는 문화

조성, 잔반 없는 날 운영, 음식물 쓰레기 발생량 모니터링 등 다양한 캠페인을 통해 학생들의 참여를 유도할 수 있습니다. | **식재료 조달 시스템 개선**: 학교 급식 공급 과정에서 에너지 효율이 높은 운송 방식을 채택하거나, 식재료의 과도한 포장을 줄이는 노력도 필요합니다.

영국 케임브리지 대학은 지속가능한 식단 정책을 적극적으로 추진하는 곳으로 유명합니다. 2016년 처음 관련 정책을 도입했고, 2024년에는 새로운 가이드라인을 만들어 대학에서 운영되고 있는 모든 식당과 카페에 적용하였습니다.[37] 정책의 주요 내용을 살펴보고 우리 학교 급식에 어떻게 적용하면 좋을지 생각해 봐요.

소고기와 양고기 완전 퇴출　케임브리지 대학은 2016년부터 대학 내 모든 식당과 카페에서 소고기와 양고기 메뉴를 완전히 없앴습니다. 대신 닭고기, 돼지고기, 그리고 다양한 채식 메뉴를 확대했습니다. 이 정책 시행 후 3년 만에 대학의 음식 관련 온실가스 배출량을 33%나 줄이는 놀라운 성과를 거두었습니다. 육류 소비를 줄이는 것이 얼마나 강력한 효과를 가져오는지 보여주는 대표적인 사례입니다.

식물성 식단 확대　2024년 시행된 CamEATS ZERO 지속가능한 식품 가이드라인에서는 2026년까지 모든 식사의 절반 이상을 비건 음식으로 제공하도록 권고하고 있습니다. 이는 학생들의 선택권을 넓히면서도 환경 영향을 최소화하려는 노력입니다.

음식물 쓰레기 50% 감축　2030년까지 음식물 쓰레기를 50% 줄이는 목표를 세우고, 이를 위해 남은 음식을 줄이는 캠페인 시행, 올바른 보관법 교육 등 다양한 노력을 기울이고 있습니다.

지속 가능한 해산물만 사용　해양 생태계를 보호하기 위해 지속 가능한 방식으로 잡은 해산물만 제공하는 것을 원칙으로 합니다.

"당신이 무엇을 먹는지 말해 주면 당신이 어떤 사람인지 말해주겠다."란 말 들어 본 적 있나요? 저명한 프랑스 미식학자 브리야 사바랭이 한 말입니다. 우리가 매일 먹는 음식은 단순한 끼니가 아니라 우리의 살아가는 방식과 지구의 미래를 결정하는 중요한 선택입니다. 식탁 위 탄소발자국 줄이기는 1.5도 라이프 실천의 핵심이라고 할 수 있어요.

고기를 덜 먹고, 식물성 음료를 마셔 보고, 지역 농산물을 선택하며, 무엇보다 음식물 쓰레기를 남기지 않는 작은 습관이 모이면 엄청난 효과를 냅니다. 학교 급식에서도 탄소발자국이 낮은 식단을 요구하고, 친구들과 함께 변화를 끌어 낸다면 더욱 좋겠죠? 여러분 식탁 위에서 일어나는 작은 변화가 지구 전체의 큰 변화를 만드는 멋진 시작이 될 것입니다. 우리 모두 함께 맛있고 탄소로운 식탁을 만들어가요.

매일 먹는 음식만큼이나 우리의 이동도 지구에 큰 탄소발자국을 남깁니다. 2장에 소개한 것처럼 우리나라에선 한 가족이 이동하면서 만들어 내는 탄소발자국이 한 해 2.77톤으로 전체 탄소발자국의 약 22%를 차지합니다. 학교 갈 때, 친구들을 만나러 갈 때, 혹은 가족과 함께 여행을 떠날 때 어떤 교통수단을 이용하나요? 버스, 지하철, 자전거, 자동차, 그리고 비행기까지, 이용하는 교통수단에 따라 탄소발자국이 크게 달라집니다.

이번 장에서는 우리가 일상생활에서 타는 다양한 교통수단이 어떻게 온실가스를 배출하는지 알아보고, 어떻게 하면 더 똑똑하고 기후 친화적으로 움직여 탄소발자국을 줄일 수 있을지 함께 고민해 볼 거예요.

탄소발자국 일등은 비행기 타기

지난 여름방학에 가족이랑 해외여행을 다녀왔나요? 비행기 타기의 탄소발자국이 여러분이 하는 모든 소비 행동 중 탄소발자국이 가장 크다는 것을 알고 있나요?

해외여행은 설레고 즐거운 경험이지만, 우리가 타는 비행기는 안타깝게도 가장 큰 탄소발자국을 남기는 교통수단입니다. 비행기가 왜 그렇게 많은 온실가스를 배출하는지, 우리 가족의 비행기 여행이 지구에 남기는 탄소발자국이 얼마나 되는지 함께 알아볼까요?

왜 비행기가 탄소발자국 일등일까?

비행기가 엄청난 양의 온실가스를 배출하는 데에는 몇 가지 이유가 있습니다. 비행기는 막대한 양의 화석연료를 소비합니다. 비행기는 한 번 이륙하면 엄청난 무게를 지탱하고 빠른 속도로 이동해야 하므로 자동차나 기차와는 비교할 수 없을 정도로 많은 연료를 소비합니다. 중형여객기 한 대가 서울에서 제주도까지 한 번 왕복하는 데 제트오일 약 8,000리터를 태웁니다. 연비 6km/L인 대형 승용차로 같은 거리를 간다면 휘발유 150리터가 필요합니다. 엄청난 차이죠? 게다가 같은 양을 사용하더라도 제트오일은 휘발유보다 약 23% 더 많은 온실가스를 배출한답니다.

두 번째 이유는 고고도(高高度) 배출의 강력한 온실효과입니다. 비행기는 대류권 상층부나 성층권 하층부와 같은 높은 고도에서 운항합니다. 이 고도에서 배출되는 온실가스는 지표면에서 배출되는 것보다 지구온난화에 더 큰 영향을 미칩니다. 질소산화물, 수증기, 미세먼지 등이 높은 고도에서 발생하면 그 온실효과가 더 크기 때문이에요. 특히, 수증기는 높은 고도에서 차가운 공기와 만나 비행운이라는 구름을 형성합니다. 비행기 꽁무니에 하얀색 띠가 생기는 걸 본 적 있죠? 그게 바로 비행운입니다. 비행운은 햇빛을 가두어 지구온난화를 가속합니다.

세 번째 이유는 이동 거리입니다. 비행기는 주로 대륙 간 이동이나 장거리 여행에 사용됩니다. 이동 거리가 멀수록 더 많은 연료를 사용할 테고 그에 따라 온실가스 배출량은 더 많아지겠죠.

2025년 여름 휴가지로 가장 많이 찾은 해외 여행지가 도

쿄라고 하네요. 도쿄를 다녀오는데 탄 비행기로 얼마나 많은 탄소발자국을 남겼을지 알아볼까요? 김포공항과 도쿄 하네다공항 사이의 왕복 거리는 2,356km이며 왕복 항공여행의 1인당 탄소발자국은 238kg입니다. 이는 이코노미클래스의 탄소발자국이고, 비즈니스클래스를 탔다면 탄소발자국은 660kg으로 세 배 가까이 커집니다. 비즈니스클래스 한 좌석이 차지하는 공간이 이코노미클래스 좌석의 약 3배이기 때문입니다.[38]

이동 거리가 훨씬 먼 유럽이나 아메리카 대륙의 어느 도시를 다녀왔다면 이와 비교할 수 없이 큰 탄소발자국을 남겼을 겁니다. 참고로 항공기 이용에 따른 온실가스 배출량은 국제민간항공기구(ICAO) 홈페이지[39]에서 확인할 수 있어요. 출발공항과 도착공항, 좌석 클래스만 입력하면 항공여행에 따른 탄소발자국을 자동으로 계산해 줍니다.

비행기의 탄소발자국을 다른 교통수단과 비교하면?

비행기의 탄소발자국이 얼마나 큰지 감이 잘 오지 않죠? 다른 교통수단과 비교해 보면 그 크기를 가늠해 볼 수 있을 거예요. 그림 15 를 같이 볼까요? 이 그림은 국제에너지기구(International Energy Agency, IEA)에서 가져왔어요.[40] 각 교통수단을 이용하여 한 사람이 1km를 가는 동안 배출하는 온실가스양을 보여 주는 그림이에요.

각 교통수단의 온실가스 배출량은 큰 편차를 보이는데, 교외 지역을 다닐 때 배출량 평균값은 기차 14g, 버스 22g, 오토바이 37g, 중소형 승용차 91g, 대형승용차 132g, 비행기 144g입니다. 비행기의 온실가스 배출량이 교통수단 중 가장 크고, 온실가스 배출량이 가장 적은 기차와 비교하면 10배 이상 차이가 납니다.

비행기는 장거리 여행에 주로 이용하니 온실가스를 줄이기 위해 비행기 대신 기차를 타라는 권고를 많이 하고 있어요. 하지만 우리나라처럼 사면이 모두 막힌 섬나라 아닌 섬나라는 비행기가 아니면 외국을 갈 수 없으니 한계가 있긴 합니다. 그래도 항공여행의 탄소발자국이 그 무엇보다 크다는 사실을 알게 되었으니, 항공여행을 줄이는 노력을 할 필요는 있겠죠?

참고로 1부의 ' 그림 3 우리나라 평균 가정의 일 년간 탄소발자국.'(38p)에는 항공여행으로 인한 탄소발자국이 포함되어 있지 않아요. 탄소발자국을 산정하는 데 사용한 모델은 우리나라의 온실가스 배출량을 기반으로 만들었는데 이 배출량에 항공기가 배출하는 온실가스는 포함되지 않기 때문이에요.

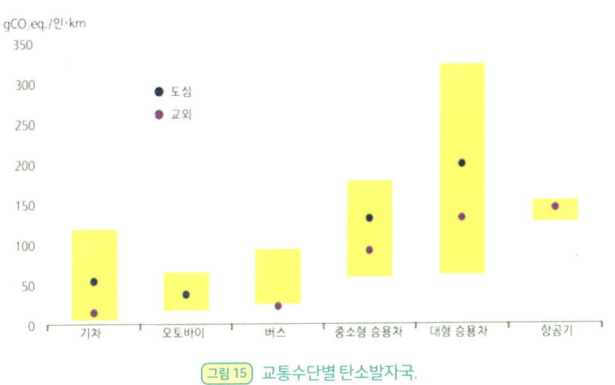

그림 15 교통수단별 탄소발자국.

4-2 대중교통, 스마트한 선택 더 큰 변화

대중교통은 여러 사람이 함께 이용함으로써 개인 차량 이용을 줄이고, 온실가스 감축에 기여하는 효과적인 수단입니다.

대중교통은 에너지 사용량 대비 많은 사람을 이동시킬 수 있어 1인당 온실가스 배출량이 현저히 낮습니다. 그림15 를 보면 대중교통수단인 기차나 버스보다 승용차의 탄소발자국이 훨씬 크다는 것을 알 수 있어요. 특히 엔진 배기량이 큰 대형승용차의 탄소발자국은 항공기의 탄소발자국보다 더 클 수도 있답니다. 대형승용차는 무거운 차체 탓에 연비가 낮아 같은 거리를 가더라도 더 많은 연료를 써야 하기 때문이에요. 등하교할 때나 학원 갈 때 부모님의 승용차 대신 대중교통을 이용하면 탄소발자국을 크게 줄일 수 있겠죠?

하지만 마땅한 대중교통이 없다면 대중교통을 이용하여 교통 탄소발자국 줄이려는 의지가 아무리 강해도 방법이 없을 겁니다. 고등학생의 교통 탄소발자국에 관한 국내 연구가 있어 소개해 보려 해요.[41] 2012년에 발표된 논문이라 좀 오래되긴 했지만, 대중교통 상황은 그리 크게 달라지지 않은 듯해서 그냥 소개하려 합니다.

연구자들은 대·중·소도시에 거주하는 고등학생의 등하교 이동 수단에 따른 교통 탄소발자국을 산정하였습니다. 서울(대도시), 경기도 수원(중도시), 경기도 이천(소도시)에 있는 고등학교를 하나씩 선정하고, 각 학교에서 학생 100명의 통학 거리와 이동 수단을 조사하여 등하교 시 교통 탄소발자국 계산하였어요. 연구결과가 재밌는데요, 1인당 일일 평균 교통 탄소발자국이 이천 1.689kg, 수원 0.699kg, 서울 0.623kg으로 이천에 있는 고등학교 학생의 교통 탄소발자국이 가장 크게 나왔어요. 연구자들도 "연구를 시작했을 때 소도시에서 도보와 자전거를 이용하는 학생들이 많아 학생 한 명당 탄소발자국도 작을 것이라 예상하였다."라며, 이 결과가 좀 의외였다고 해요.

도시에 따라 등하교 시 교통 탄소발자국이 다른 이유는 이동 수단과 직접적인 관계가 있었어요. 참고로 세 지역 고등학생들의 통학 거리는 서울 3.74km (1.13~12.87km), 수원 2.33km (0.33~11.60km), 이천 4.88km (1.43~20.04km)로 세 지역 사이에 큰 차이가 없었어요.

서울 소재 학교 학생들의 이동 수단은 도보 38%, 자전거 25%, 버스 26%, 지하철 3%, 승용차 8%로 온실가스를 배출하지 않는 도보와 자전거의 비중이 높았고, 배출량이 적은 대중교통도 29%를 차지하였어요. 반면, 배출량이 많은 승용차의 비중은 8%에 불과했어요. 수원도 비슷한데, 도보

61%, 자전거 3%, 버스 23%. 승용차 13%로 승용차의 비중이 서울보다 약간 높아 서울보다 1인당 탄소발자국이 약간 높았어요. 이천은 도보 9%, 버스 48%, 승용차 43%로 승용차의 비중이 아주 높았고, 자전거는 0%였어요. 승용차와 버스의 비중이 높으니 당연히 1인당 탄소발자국도 높을 수밖에 없었던 거죠.

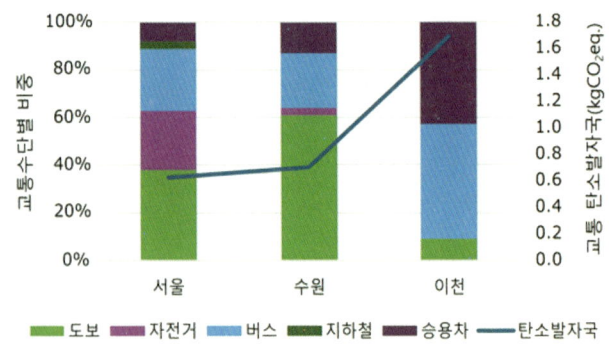

그림 16 고등학생 등하교 시 이동 수단 이용 비중과 일일 교통 탄소발자국.

등하교 시 이용하는 이동 수단에 따라 탄소발자국이 달라지고 특히 승용차를 이용하면 탄소발자국이 많이 증가한다는 걸 연구결과를 통해 알 수 있어요. 하지만 여기서 한가지 생각해 봐야 할 것이 있어요. 왜 이천에 있는 학교에 다니는 고등학생들의 도보나 자전거 이용 비중은 작고, 승용차 이용 비중이 높을까요? 연구자들은 서울, 수원과 달리 소도시인 이천은 보도와 자전거도로가 잘 갖추어지지 않아 도보나 자전거로 통학하기 어려웠고, 대중교통을 이용하려 해도 유일한 대중교통인 버스의 긴 배차시간으로 타기가 어려워 부모님의 승용차를 이용할 수밖에 없었다고 진단하였어요.

교통 탄소발자국을 줄이는 데 개인의 의지와 실천 못지않게 이를 뒷받침해줄 보도나 자전거도로, 대중교통 인프라 구축이 중요하다는 것을 확인한 셈이죠. 인프라 구축은 정부의 행정과 정치의 영역인데, 개인의 탄소발자국을 줄이기 위해서는 행정과 정치를 바꾸는 일도 꼭 필요하답니다.

도시 교통 관련 정책을 하나 소개해 볼까 해요. 자동차 최고속도를 시속 30km로 제한하는 정책(City 30)인데요, 최근 이 정책을 시행하는 유럽 도시들이 빠르게 늘고 있답니다. 어린이보호구역에서 차량 속도를 30km/h로 제한하는 정책과 비슷하지만, 어린이보호구역에서만 제한적으로 적용하는 우리나라와 달리 유럽에서는 도시의 도로 70% 이상에 광범위하게 적용한다는 차이가 있어요.

시속 30km 제한 정책은 1992년 오스트리아 그라츠(Graz) 시에서 처음으로 도시 전역에 걸쳐 시행했어요. 당시 그라츠는 교통 체증, 차량 소음, 대기 오염으로 몸살을 앓고 있었고, 시민들 삶의 질을 개선하고 교통사고를 줄이기 위한 혁신적인 접근 방식으로 이 정책을 시행했어요.

정책은 차량 속도를 낮춰 교통사고 발생 위험과 사고 발생 시 치명률을 대폭 줄이는 것을 최우선 목표로 하였습니다. 특히 보행자와 자전거 이용자 등 취약한 도로 이용자들의 안전을 확보하는 데 중점을 둡니다. 차량 소음을 줄여 조용한 주거 환경을 조성하고, 급가속과 급정거를 줄여 대기 오염물질과 온실가스 배출량을 감소시키고자 하였죠. 차량 속도를 낮춤으로써 걷기와 자전거 타기가 더 안전하고 매력적인 이동 수단이 되도록 유도하고자 했어요.

궁극적으로 승용차 의존도를 줄이고 대중교통 이용을 장려하여 도시의 교통 혼잡을 완화하고 탄소 배출량을 줄이는 데 기여하려는 목적도 있었어요. 마지막으로 자동차 중심의 공간을 사람 중심으로 재편하여 거리를 더 활기차고 매력적인 공공 공간으로 변화시키고자 하였습니다.

2024년 4월 기준으로 40여 개 도시가 이 정책을 시행하고 있어요. 스페인과 영국 웨일즈는 도시 내 모든 1차로 도로에 이 정책을 적용하고 있답니다. 벨기에 브뤼셀, 프랑스 파리, 리용, 툴루즈, 보르도, 핀란드 헬싱키, 노르웨이 오슬로, 독일 뮌헨, 스위스 취리히, 이탈리아 볼로냐, 네덜란드 암스테르담, 영국 런던, 에든버러 등 유럽의 대표적인 도시들이 이 정책을 시행하고 있어요.

시속 30km 제한 정책은 다양한 긍정적 효과로 도시의 지속가능성을 높이는 데 기여하고 있습니다. 이 정책을 시행한 유럽 도시들에서 느려진 차량 속도로 급가속과 급정거가 줄어들면서 연료 효율이 향상되어 연료 소비가 평균 7~11% 감소하였답니다. 연료 소비감소로 온실가스는 평균 18%가 줄어드는 효과가 나타났습니다.

차량 속도가 줄면 사고 발생 시 보행자의 생존율이 크게 높아지기 때문에 시민들은 걷거나 자전거를 타는 것에 대한 심리적 부담을 덜게 됩니다. 실제로 일부 도시에서는 정책 도입 후 보행자와 자전거 이용자 수가 50% 이상 증가하는

프랑스 파리의 시속 30km 제한 정책.

등 능동 이동(Active Travel)이 크게 활성화되었습니다. 이는 다시 승용차 이용 감소로 이어져 도시의 탄소발자국을 더욱 줄입니다.

시속 30km 제한 정책은 단순한 속도 규제를 넘어 도시를 재구성하고 시민들의 삶의 질을 높이며, 기후변화에 대응하는 총체적인 도시 정책입니다. 이처럼 효과가 검증된 정책 사례를 적극적으로 연구하고, 우리나라 실정에 맞게 도입하고 확산하려는 노력이 필요합니다. 우리 모두 대중교통 이용을 생활화하는 동시에 정부와 의회가 이러한 환경친화적인 교통 정책을 강력하게 추진하도록 지속적인 관심을 가지고 의견을 개진하는 것이 지속가능한 미래를 만드는 데 꼭 필요한 일입니다.

4-3 두 다리와 두 바퀴로 여는 지속가능한 세상

걷기와 자전거 타기는 지속가능성이 가장 큰 이동 수단입니다. 특히 도시 교통 부문의 온실가스 감축에 있어 어떠한 온실가스 감축 기술보다 효과가 더 빠르고 더 확실하다는 평가를 받고 있어요. 걷기는 인류의 가장 기본적인 이동 방법이자, 어쩌면 우리가 잊고 지낸 가장 강력한 건강 증진법일 겁니다. 특별한 장비도, 연료도 필요 없는 걷기는 탄소 배출량이 0(제로)인 완벽한 친환경 이동 방식입니다.

자전거는 걷기와 함께 친환경 이동 수단으로 주목받고 있습니다. 단순한 운동 기구를 넘어 도시의 풍경을 바꾸고 지속가능한 미래를 위한 핵심 솔루션으로 자리매김하고 있어요. 자전거는 운행 중 탄소 배출이 전혀 없는 탄소 제로 이동 수단입니다. 자전거를 타는 사람이 늘어날수록 자동차 운행이 감소하여 도심의 교통 체증이 줄어들고, 대기 오염물질과 온실가스가 줍니다. 자전거는 생산과 폐기 과정에서도 자동차보다 훨씬 적은 자원과 에너지를 소비합니다.

앞서 소개한 우리나라 고등학생들이 등하교 시 이용하는 교통수단에 따른 탄소발자국을 분석한 연구에서도 도보와 자전거로 등하교하는 비율이 높을수록 1인당 교통 탄소발자국이 감소한다는 걸 확인했었죠. 로마, 런던, 바르셀로나, 취리히 등 유럽 7개 도시 시민 1만 770명을 대상으로 수행한 연구도 승용차 대신 자전거를 탐으로써 많은 양의 온실가스를 줄일 수 있다는 결론을 냈어요.[42] 자전거를 타는 사람의 교통 탄소발자국은 타지 않는 사람보다 84%나 낮았고, 자동차를 이용한 이동을 자전거로 대신하면 교통 탄소발자국을 62% 줄일 수 있었다고 합니다. 승용차 대신 자전거를 타면 이렇게 큰 온실가스 감축 효과를 낼 수 있다니 놀랍지 않나요?

4-4 친환경 차는 정말 친환경적일까?

교통 탄소발자국을 줄이기 위해 승용차보다는 대중교통이, 대중교통보다는 걷기와 자전거 타기가 더 효과적인 수단이에요. 하지만 먼 거리를 가야 할 때나 대중교통이 없는 곳을 가야 할 때는 어쩔 수 없이 승용차를 탈 수밖에 없을 겁니다. 이럴 때 탄소발자국을 줄일 방법이 있을까요? 전기차나 수소차 등 친환경 차가 해법이 될 수 있어요. 근데 친환경 차는 정말 친환경적일까요? 가솔린차와 전기차의 전과정 온실가스 배출량을 비교 분석하여 전기차가 내연기관차의 친환경적인 대안이 될 수 있는지 같이 알아봐요.

전기차는 가솔린차와 달리 운행하는 중에는 온실가스를 배출하지 않아 운행 단계만을 놓고 보면 가솔린차보다 친환경적인 건 확실합니다. 하지만 전기를 생산할 때 온실가스가 발생하고 전기차 배터리를 생산할 때도 많은 온실가스가 배출되죠. 전기차가 가솔린차보다 친환경인지 비교하려면 자동차 생산 시 온실가스 배출량과 운행에 사용하는 에너지 생산과 소비에 따른 배출량을 같이 비교해야 합니다. 앞서 이런 평가를 전과정평가라고 한다고 했죠? 전과정평가는 좀 복잡한 과정을 거쳐야 하니 과정은 건너뛰고 결과를 볼까요?

국제에너지기구가 분석한 우리나라 중형 승용차의 전과정 온실가스 배출량 분석 결과를 가져왔어요.[43] 2024년 새

차를 한 대 샀다고 쳐요. 차 한 대를 만들며 배출하는 온실가스양은 가솔린차가 가장 적고, 하이브리드차, 전기차 순으로 많아요. 차를 조립하면서 나오는 온실가스뿐만 아니라 부품을 만들고, 부품의 원재료를 자연에서 채취하면서 나오는 온실가스를 모두 포함해요.

차를 사용하는 동안에도 온실가스는 계속 배출되니 그림18 과 같이 시간에 따라 온실가스 누적 배출량은 늘어납니다. 기울기를 보면 가솔린차가 가장 가파르고, 전기차가 가장 완만해요. 그러다 보니 어느 순간 누적 온실가스 배출량이 역전됩니다. 역전되기까지 약 3년이 걸리네요. 3년 이후엔 가솔린차의 온실가스 배출량이 가장 많고, 전기차의 배출량이 가작 적습니다. 차를 운전할 때 배출되는 온실가스양은 전적으로 자동차의 효율에 달렸는데, 전기차를 움직이는 전동모터의 효율이 휘발유 엔진보다 훨씬 높다네요. 전동모터의 효율은 약 80%이고, 휘발유 엔진의 효율은 15~40%라고 합니다. 그러니 같은 거리를 가더라도 전기차는 가솔린차보다 에너지를 더 적게 쓰고, 이에 따라 온실가스 배출량도 더 적습니다.

근데 좀 이상하지 않나요? 전기차가 쓰는 전기는 온실가스를 배출하지 않으니 전기차 운행 중 온실가스가 안 나오는 거 아닌가 하는 생각이 들었죠? 맞아요. 전기를 쓰는 동안에는 온실가스가 안 나와요. 하지만 전기를 생산하는 과정에서 석탄, LNG 등 화석연료를 태우므로 온실가스가 발생하고 이 온실가스를 전기차를 운전하는 동안 발생하는 온실가스로 간주합니다.

2024년에 산 새 차를 15년 동안 매일 46km씩 탄다고 가정했을 때 자동차 주행 거리 1km당 전과정 온실가스 배출량을 산정한 결과는 아래 그림 19 와 같아요. 가솔린차의 배출량이 169.8g으로 가장 크고, 하이브리드차와 전기차는 각각 135.4g, 99.1g이 나왔네요. 자동차와 배터리 생산, 에너지 생산과 연소 과정 등 전과정의 온실가스 배출량을 산정한 거예요. 전기차는 차량과 배터리를 생산할 때 배출되는 온실가스양이 다른 차보다 훨씬 많죠? 이는 배터리를 생산할 때 온실가스가 많이 배출되기 때문이에요. 하지만 사용 단계(에너지 생산 단계 + 연료 연소 단계)[44]의 온실가스 배출량은 가솔린차나 하이브리드차보다 훨씬 작다는 것을 알 수 있어요.

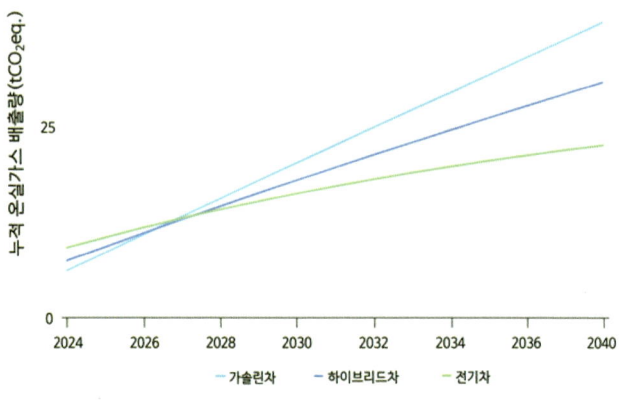

누적 온실가스 배출량(tCO$_2$eq.)

25

0

2024　2026　2028　2030　2032　2034　2036　2040

가솔린차　하이브리드차　전기차

그림 18 우리나라 중형 가솔린차, 하이브리드차, 전기차의 전과정 온실가스 배출량.

전과정 온실가스 배출량을 비교해 보면 전기차는 내연기관차보다 훨씬 친환경적이라 할 수 있어요. 전기차는 온실가스 배출량도 적을 뿐만 아니라 운행 중 입자상물질(PM)이나 질소산화물(NOx) 등 대기 오염물질도 배출하지 않아 공기를 오염시키지도 않아요. 전기차 운행 중 배출량이 내연기관차보다 월등히 적은 건 전기모터의 높은 에너지 전환 효율과 회생 제동 기능 덕입니다. 회생 제동은 전기차 운행 속도가 줄 때 운동 에너지를 전기 에너지로 변환하여 배터리를 충전하는 기능으로 전기차의 에너지 효율을 더 높여줍니다. 감속

시 내연기관차에서는 브레이크 마찰열로 버려지는 에너지를 전기차는 회생 제동을 통해 전기로 회수한다고 보면 됩니다.

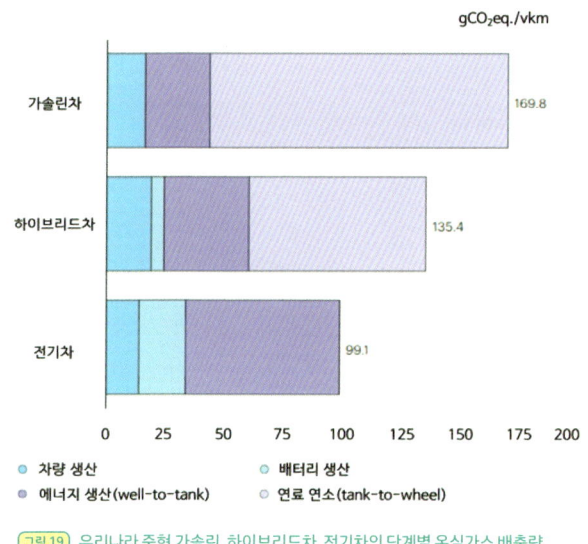

gCO$_2$eq./vkm

가솔린차 169.8

하이브리드차 135.4

전기차 99.1

● 차량 생산　　　　　● 배터리 생산
● 에너지 생산(well-to-tank)　　● 연료 연소(tank-to-wheel)

[그림 19] 우리나라 중형 가솔린, 하이브리드차, 전기차의 단계별 온실가스 배출량.

전기차의 궁극적인 친환경성은 전력 생산 방식에 달려 있습니다. 재생에너지 발전 비중이 높아질수록 전기차의 전과정 온실가스 배출량은 큰 폭으로 감소하죠. 재생에너지는 에너지 생산 시 배출되는 온실가스양, 즉 Well-to-Tank 배출량이 0에 가깝기 때문입니다. 2024년 기준 우리나라에서 생산된 전기의 59%가 석탄과 LNG를 연소하여 생산한 화석연료 기반이라서 전기의 Well-to-Tank 배출량이 높은 편입니다. 앞으로 전기가 석탄과 LNG 화력발전에서 재생에너지 중심으로 빠르게 전환되면 전기차의 친환경성은 더욱 높아질 겁니다.

느린 여행에 푹 빠진 가족 이야기

목적지로 빠르게 달려가는 대신, 느리지만 여유 있게 길 위 풍경과 여행지만의 매력을 즐기는 가족이 있습니다. 소윤과 도윤이 가족은 아주 특별한 여행을 떠납니다. 바로 대중교통만으로 떠나는 여행입니다. 이 특별한 여행자들이 들려주는 이야기를 통해 대중교통편으로 떠나는 느린 여행의 매력을 발견해 볼까요?

Q 대중교통을 타고 떠나는 여행을 시작하게 된 특별한 계기가 있나요?

엄마 작년 여름 베트남으로 가족 여행을 다녀왔어요. 평소 기후 위기에 관심이 많았는데 항공 여행의 온실가스 배출량이 많다고 들었어요. 항공여행으로 온실가스를 얼마나 배출했는지 궁금해서 계산해 보았더니 한 사람당 배출량이 500kg이나 되더라고요. 우리 가족 4명이 여행 한 번으로 무려 2톤의 온실가스를 배출한 거죠. 솔직히 많이 놀랐어요. 뭔가 변화가 필요하다고 생각했죠.

Q 온실가스 배출량 계산 결과에 대해 가족들과 이야기를 나누어보셨나요? 다른 가족들의 반응도 궁금하네요.

엄마 구체적인 숫자를 아이들에게 이야기하진 않았어요. 다만 비행기를 타서 온실가스가 많이 나왔으니, 우리가 여행하면서 배출한 온실가스를 상쇄할 방법을 고민해 보자고 제안했죠. 찾아보니 나무를 심으면 이산화탄소를 줄일 수 있다고 하더라고요. 그래서 아이들과 함께 친정집에 9그루, 북서울숲에 10그루, 강남 율현공원에 5그루 해서 모두 24그루를 심었어요. 항공여행으로 배출한 온실가스양에 비하면 많이 부족하겠지만 줄이려고 노력 했다는 것에 아이들이 뿌듯해했던 것 같아요.

Q 실행력이 대단하시네요. 그 이후로 대중교통을 이용한 여행을 시 작하신 거군요? 처음 시작은 어땠는지 궁금합니다.

엄마 네, 국내 여행도 남편이 운전하는 차를 타고 가는 게 전부였 어요. 여행할 때 대중교통을 이용하면 아이들에게 새로운 경험이 되겠다 싶었죠. 기차 한번 타고 가 볼까? 이번 여행은 버스로 가 볼 까? 하고 자연스럽게 제안했어요. 대중교통 여행으로 온실가스를 줄일 수 있다는 이야기를 아이들에게 직접 하진 않았던 것 같아요.

아빠 저는 듣자마자 찬성했어요. 차를 타고 여행을 떠나면 목적 지까지 가는 동안 저는 운전만 하고, 아이들은 뒷좌석에서 휴대 폰만 들여다봤어요. 요즘 아이들은 어딜 가든 부모가 운전하는 차를 타고 다니니 대중교통 탈 일이 거의 없잖아요. 지하철, 버스, 기차 등 대중교통을 타 보는 것도 아이들에게 좋은 경험이 될 거 같았어요.

Q 대중교통으로만 하는 여행의 장점은 무엇인가요?

도윤 차가 안 막히는 게 좋았어요. 아빠 차로 여행하면 차가 막히는 데 차 안에 오래 있으면 힘들었어요. 버스나 기차를 타니 차가 안 막혀서 너무 좋아요. 그리고 기차 안에는 화장실이 있어서 언제든 화장실에 갈 수 있는 것도 좋았어요. 아빠 옆에 앉아 얘기 나눌 수 있는 것도 좋았어요. 아빠가 운전하면 운전에 방해될까 봐 뒷좌석에 앉아 있어야 하니 지루했어요. 운전하지 않아도 되니 술을 마실 수 있으니까 아빠한테도 좋은 거 같아요.

소윤　모험을 하는 것 같아 좋았어요. 여행지까지 한 번에 가는 게 아니라 지하철 타고 버스 터미널에 가서 버스 갈아타고, 여행지에 내리면 다시 택시나 시내버스를 타고 숙소로 가야 하잖아요. 갈아탈 때 시간도 맞춰야 하고, 적절한 탈 거리를 골라야 해서 꼭 모험 같았어요. 버스나 기차는 아빠 차보다 높고 유리창도 훨씬 커서 풍경 보는 것도 재밌었어요. 여행이 훨씬 길게 느껴지는 것 같아요. 아침 일찍 집에서 나와 저녁 늦게 집에 도착해서 그런 것 같아요.

아빠　가족이 한 팀이 되어서 하는 게임의 퀘스트같다는 느낌을 받아요. 대중교통으로 가면 목적지까지 여러 교통수단을 갈아타야 하는데 어떤 걸 탈지, 언제 탈지, 목적지까지는 어떻게 갈지 등을 계속 선택하고 결정해야 하거든요. 그러면서 가족들과 더 많은 이야기를 했던 것 같아요. 물론 저는 운전하지 않아도 되니 편하긴 했습니다.

엄마　대중교통으로 여행하니 가장 좋은 건 모르는 사람들과 교류인 것 같아요. 여행 속도가 느려지니 남들과 접촉할 기회가 늘어나더라고요. 여행지에서 택시를 타고 이동할 때 기사님께 현지 맛집이나 여행지에 대한 꿀팁을 얻어요. 지난번 안동 여행 중에는 하회탈 공연에서 만난 외국인 가족과 자연스럽게 대화하게 되었어요. 공연이 끝나고 소윤이는 그 가족이 나타날 때까지 기다렸다가 조잘조잘 대화를 나누더니 조그만 선물을 주고 오더라고요. 자가용으로 여행했다면 하지 못했을 경험이죠.

그림 20 지하철 갈아타는 소윤과 도윤.

아이들이 불편함을 자연스럽게 받아들이는 경험을 하게 된 것도 의미있다고 봐요. 자기 짐은 자기가 들고 다니도록 해요. 대중교통으로 여행하다 보면 무거운 짐을 들고 이동해야 하고 다른 교통수단으로 갈아탈 땐 짐을 들기도 해야 해서 처음에 힘들다고 짜증을 내더라고요. 세 번째 여행부터는 짜증을 부리지 않는 건 물론이고 여행의 불편함을 자연스레 받아들이더군요. 대중교통을 이용하면 아이들이 함께 낯선 길을 찾아가며 세상을 관찰하는 경험이 더 많아지는 것도 장점인 것 같아요.

Q 단점도 많을 것 같은데요.

소윤 교통수단을 계속 갈아타야 하니까 짐을 가지고 많이 걸어야 해서 좀 힘든 게 가장 안 좋은 점인 거 같아요. 도착해서는 원하는 곳을 자유롭게 다니지 못하니 좀 불편하긴 했어요.

도윤 택시가 잘 안 잡혀 오래 기다려야 해서 힘들었어요. 안동에서는 전기 자전거를 타고 이곳저곳 다녀보려고 했는데 누나와 저는 나이가 어려서 전기 자전거를 빌릴 수가 없어서 타질 못했어요. 이런 건 바꿔줬으면 해요.

아빠 자가용으로 갈 때보다 교통비가 더 많이 들더라고요. 여행지는 아무래도 소도시이다 보니 대중교통이 잘 되어있지 않아 이동하는 데 시간이 오래 걸리고 불편하긴 합니다.

Q 대중교통 여행을 위해 개선되었으면 하는 인프라나 서비스가 있나요?

엄마 많은 여행지가 대중교통으로는 접근하기 어려운 경우가 많아요. 지방의 작은 마을이나 자연 명소는 자가용이 없으면 가기가 힘들죠. 걷기 좋은 길이나 숨은 명소를 연계하는 대중교통 노선이 더 많아졌으면 좋겠어요. 짐을 보관하거나 운반해 주는 서비스도 있으면 더 편하게 여행할 수 있을 것 같아요.

아빠 수도권처럼 버스의 실시간 도착 정보를 더 정확하게 알 수 있으면 좋겠어요. 여행 계획을 세울 때 예상치 못한 변수가 생기면 불편하거든요. 한번은 버스를 타려고 한 시간 넘게 기다렸는데 막차가 이미 끊겼더라고요. 지나가던 할아버지께서 가르쳐주시지 않았으면 하염없이 기다렸을 거예요. 인기 있는 여행지를 순환하는 버스가 있으면 좀 더 편하게 여행지를 즐길 수 있을 것 같아요.

Q 다음에도 대중교통만으로 여행하실 건가요?

가족 네! 자가용으로 여행하는 것보다 많이 불편하긴 하지만 더 재미있는 것 같아요. 될 수 있는 한 앞으로도 계속 대중교통으로 여행하려고 합니다.

Q 마지막으로, 대중교통만으로 여행하기를 망설이는 분들에게 조언 한마디 부탁드립니다.

아빠 어렵게 생각하지 마세요. 처음부터 먼 곳으로 떠나기보다는 집 근처의 작은 도시부터 시작해 보세요. 하루 정도 당일치기로 기차 여행을 떠나보는 것도 좋은 방법이죠. 운전대를 잠시 놓고 창밖 풍경을 보며 사랑하는 가족과 이야기를 나눠보세요. 생각보다 훨씬 더 풍성한 여행을 경험하게 될 겁니다.

소윤 꼭 해보세요. 생각보다 재미있고 여행이 길게 느껴져요. 아빠가 운전하는 대로 따라가는 여행이 아니라 가족 모두가 함께 찾아가는 여행이 되니 여행이 더 재미있어져요.

도윤 엄마 아빠 누나와 더 많은 이야기를 나눌 수 있고, 가족과 함께하는 모험 같기도 해서 너무 재밌어요. 꼭 해 보세요.

엄마 언제부턴가 제주 한 달 살기, 속초 한 달 살기 등 낯선 도시에서 한 달 살기 같은 느린 여행이 유행하는 것 같아요. 우리 가족이 하는 대중교통 여행은 한 달 살기는 아니지만 다른 형태의 느린 여행이라고 생각해요. 좀 불편하지만 더 여유롭게 현지인처럼 여행지를 즐길 수 있기 때문이죠. 여행으로 인한 온실가스 배출량을 줄이는 건 덤인 것 같아요. 아직 안 해 보셨다면 꼭 해 보세요.

이번에는 우리와 가장 밀접한 공간인 집에서 소비하는 에너지의 탄소발자국 이야기를 해 보려고 해요. 집은 우리에게 편안함과 안락함을 제공하는 소중한 공간입니다. 집에서 자고, 밥 먹고, 공부하고, 달콤한 휴식을 취하기도 하죠. 추운 겨울에는 난방하고 여름 무더위엔 에어컨을 켭니다. 전기밥솥에 밥을 하고 맛있는 음식을 만들기 위해 가스레인지를 켭니다. 일상적으로 사용하는 TV, 컴퓨터, 휴대폰은 모두 전기가 필요합니다.

우리가 집에서 무심코 사용하는 에너지가 지구온난화에 얼마나 큰 영향을 미치는지 알고 있나요? 2020년 기준으로 우리나라 평균 가정의 냉난방, 취사, 가전제품 사용을 위한 에너지 소비는 6.41톤의 탄소발자국을 남겼습니다. 이는 가계 전체 탄소발자국의 무려 51.6%로 소비영역 중 탄소발자국이 가장 큽니다. 휘발유, 경유, LPG 등 화석연료를 직접 소비하는 교통 부문 탄소발자국 2.77톤보다도 크다니 놀랍지 않나요?

우리 집은 다양한 형태의 에너지를 소비하며 상당한 양의 온실가스를 배출하는 곳인 셈이죠. 이 장에서는 가정에서 어떤 에너지를 사용하고 있으며, 각 에너지가 어떻게 탄소발자국을 남기는지, 탄소발자국을 줄이기 위해 어떤 노력을 해야 하는지 자세히 알아볼 겁니다. 기후변화 대응에 앞장서 온 북유럽의 환경 선진국 스웨덴 사례를 통해 배울 점은 무엇인지도 알아보려 합니다.

5-1 우리 집 에너지 지도

잠시 눈을 감고 오늘 아침 침대 위에서 눈을 뜬 후 학교 가기 위해 집을 나설 때까지 벌어진 일을 떠올려 보세요. 아침에 눈을 뜨자마자 습관적으로 충전기에 연결된 스마트폰을 집어 들고 밤새 무슨 일이 있었나 들여다보죠. 그 사이 인터넷 공유기는 빠르게 불을 깜빡이고 있었을 거예요. 밥 먹으라는 엄마의 부름에 마지못해 일어나 화장실에 들어가려고 습관적으로 전등을 켭니다. 오줌을 시원하게 누고 양변기 물을 내렸을 거고, 잠 깨라고 시원한 물에 샤워도 한번 했겠죠? 추운 겨울이었다면 따뜻한 물로 샤워를 했을지도 모르겠네요. 헤어드라이어로 머리를 말린 후 거실로 나오니 엄마가 가스레인지에 올린 냄비에서 양송이수프가 맛있게 데워지고 있어요. 벽에 걸어 놓은 블루투스 스피커에선 잔잔한 클래식 음악이 흘러나오고요. 연일 이어지는 열대야라면 밤새 틀어 놓았던 에어컨이 여전히 기세 좋게 돌아가고 있을 테지요. 우리가 집에서 하는 이 모든 행위는 에너지 소비를 동반합니다. 이렇게 다양한 형태로 소비되는 에너지는 우리 삶의 질을 높여 주지만, 기후변화를 유발하는 탄소발자국을 남깁니다.

집에서 사용하는 에너지는 전기, 지역난방 열, 도시가스, 등유, 경유, 연탄입니다. 아래 그림21 은 2020년 우리나라 가정에서 사용한 에너지의 비중을 보여줍니다.[45] 도시가스 비중이 51%로 가장 많이 사용하는 에너지원이고, 다음으로 전기가 약 30%, 지역난방이 약 10%입니다. 나머지 9%가 등유, 연탄, 중유입니다. 집에서 쓰는 다양한 에너지는 주된 용도가 서로 다르고, 탄소발자국을 남기는 방식에도 차이가 있답니다.

연탄 등유 중유
1.3% 7.4% 0.2%
도시가스
51.0%
전기
29.7%
지역난방
10.4%

그림 21 주거에너지 중 에너지원별 비중.

우리나라 가정의 에너지 사용량은 꾸준히 증가하고 있습니다. 경제 성장으로 소득이 늘어남에 따라 집 면적이 넓어지고, 새로운 가전제품들이 늘어 에너지 소비는 늘어날 수밖에 없었습니다. 무더위와 추위가 있는 우리나라는 냉난방 수요가 큽니다. 폭염이나 한파가 심한 해에는 에너지 소비가 더 늘어납니다.

그림 22 는 2001년부터 2021년까지 우리나라 모든 가정의 주거에너지 변화 추이를 보여줍니다.[46] 주거에너지 사용량은 꾸준히 증가했음을 알 수 있습니다. 20년간 연평균 1.4%씩 증가하였습니다. 에너지원별 사용량을 살펴보면, 도시가

스 비중이 가장 크고 수요도 계속 늘고 있어요. 전기와 지역 난방 소비도 꾸준히 늘고 있지만, 전통적인 에너지인 연탄, 등유, 중유의 사용량[47]은 줄고 있음을 알 수 있어요.

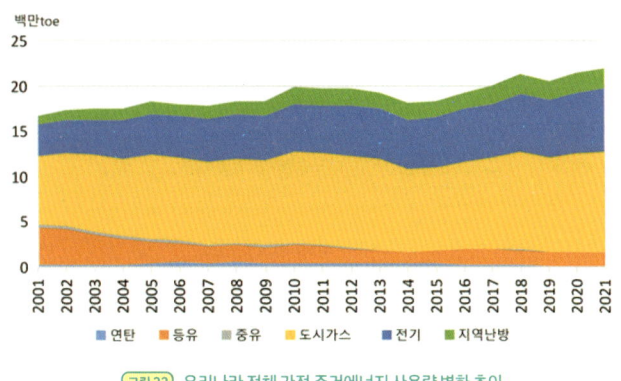

백만toe

그림 22 우리나라 전체 가정 주거에너지 사용량 변화 추이.

에너지 사용량 증가는 온실가스 배출량 증가로 이어집니다. 가정에서 사용하는 거의 모든 에너지가 화석연료를 태워서 얻어지기 때문이죠. 가정용 보일러에서 도시가스나 등유를 태워 난방하는 과정에서 온실가스가 직접 배출됩니다. 전기나 지역난방 열을 사용할 때는 온실가스를 배출하지 않지만, 전기나 열을 생산할 때 석탄이나 천연가스 등 화석연료를 태우기 때문에 전기와 지역난방 열도 온실가스 배출에서 자유로울 수 없어요. 전기와 열 사용으로 인한 온실가스 배출을 간접 배출이라고 한다고 했는데 아직 기억하고 있죠?

더욱 우려스러운 점은 기후위기가 심해질수록 에너지 소비량이 더 늘어날 수 있다는 것입니다. 여름철 폭염이 길어지고 강해지면 에어컨 사용이 필수적이 되고, 이는 다시 전력 소비를 늘려 온실가스 배출을 증가시키는 악순환으로 이어질 수 있습니다. 올해 기록적인 무더위로 전기사용량이 연일 역대 최고치를 경신했다는 신문기사를 본 적이 있을 거예요.

우리 집의 에너지 지도를 정확히 이해하고, 집 안 어디에서 탄소발자국이 발생하는지 파악하는 것이 중요합니다. 이어서 에너지원별 탄소발자국과 이를 줄이기 위한 구체적인 방법을 자세히 소개하려 합니다.

(5-2) 화석연료, 편안함과 기후위기 사이

집에서 쓰는 에너지로 인한 탄소발자국이 우리 집 탄소발자국의 절반 이상을 차지한다는 사실에 놀랐을 겁니다. 여기서 주목해야 할 부분은 바로 지금 우리나라에서 사용하는 에너지는 대부분 화석연료라는 점입니다. 석탄, 천연가스는 물론이고 전기와 난방열 또한 그렇습니다. 화석연료는 인류 문명의 발전에 크게 기여했지만 동시에 기후위기라는 예상치 못한 결과를 가져왔습니다. 가정에서 쓰는 에너지도 예외가 아닙니다.

추억의 연탄과 온실가스

옛날 드라마에서 연탄을 본 적이 있나요? 연탄은 석탄을 압축하여 만든 고체 연료로 1970~80년대 우리나라 가정의 주요 난방과 취사용 에너지원이었습니다. 연탄아궁이 위에 솥을 걸어 밥을 짓고, 연탄보일러로 따뜻한 온기를 얻었던 시절의 추억이 담긴 연료이기도 합니다.

연탄은 연소 과정에서 다량의 이산화탄소는 물론 황산화물, 질소산화물, 미세먼지 등 다양한 대기오염 물질을 배출합니다. 연탄 1장(약 3.6kg)이 연소할 때 배출되는 이산화탄소는 약 7.6kg에 달합니다. 다행히 도시가스 보급률이 높아지면서 연탄 사용량은 크게 줄었지만 저소득층 가구나 농촌 지역에서는 저렴하다는 이유로 여전히 사용하고 있습니다. 연탄은 온실가스와 대기오염 물질 배출량이 가장 많아 퇴출이 시급한 에너지원입니다. 그럼에도 불구하고 여전히 사용되는 현실은 우리 사회가 환경 문제와 더불어 에너지 빈곤이라는 해묵은 과제를 동시에 안고 있음을 보여줍니다.

등유와 중유 보일러

도시가스가 공급되지 않는 지역의 단독 주택은 아직도 등유 보일러를 난방 에너지원으로 사용합니다. 등유는 석유 정제 과정에서 나오는 연료로 연탄보다는 깨끗하게 연소되지만 연탄 이외의 다른 화석연료보다 많은 온실가스를 배출합니다.

등유 1리터가 연소할 때 약 2.5kg의 이산화탄소가 배출됩니다. 겨울철 난방을 위해 하루에도 수십 리터의 등유를 사용하는 가정이 많다는 것을 고려하면 등유 보일러가 남기는 탄소발자국도 상당합니다.

중유는 등유보다 점성이 높고 무거운 기름으로 주로 산업용 보일러나 대형 건물의 중앙보일러 연료로 사용합니다. 중유 1리터 연소 시 이산화탄소 약 3.1kg을 배출하여 등유보다

환경 영향이 더 큽니다. 중유와 등유는 석탄처럼 온실가스 배출량이 많은 에너지원이지만 다행히 최근 환경규제 강화와 도시가스 보급 확대로 사용이 줄고 있어요.

도시가스는 깨끗한 에너지일까?

도시가스는 주로 난방과 온수공급, 취사에 사용합니다. 보일러로 물을 데워 집안을 따뜻하게 데우고, 가스레인지로 맛있는 음식을 조리하는 데 활용됩니다. 아파트나 빌라 등 도시 지역에서 흔히 볼 수 있는 에너지원이며, 비교적 사용이 편리합니다. 연탄이나 등유보다 연소 시 미세먼지나 황산화물 같은 대기오염 물질 배출이 적어 깨끗한 에너지라는 인식이 강합니다.

도시가스도 다른 화석연료와 마찬가지로 연소 시 온실가스를 배출합니다. 도시가스의 원료인 천연가스를 채취, 생산, 운송, 그리고 배관을 통해 가정에 공급하는 과정에서 메탄이 누출될 수도 있어요. 메탄은 이산화탄소보다 지구온난화지수가 훨씬 높은 온실가스입니다. 채취에서 운송까지의 메탄 누출량과 연소 시 발생하는 이산화탄소 배출량을 고려하면 도시가스의 환경 영향이 생각보다 클 수 있습니다.

증기기관에 석탄을 연료로 사용한 이래 화석연료는 인류의 삶을 풍요롭게 만드는 데 크게 이바지했지만 이제는 그 그림자가 너무나 커져 우리와 지구의 건강을 위협하고 있습니다. 가정에서 화석연료 사용을 줄이고, 궁극적으로는 재생에너지 기반의 깨끗한 에너지원으로 전환하는 것이 기후위기 시대에 우리 모두에게 주어진 시급한 과제입니다. 이어서 우리에게 익숙한 편리함을 가져다주지만 그 뒤에 복잡한 탄소발자국을 감추고 있는 에너지원인 전기와 열에 대해 자세히 알아보겠습니다.

5-3 전기와 열의 보이지 않는 탄소발자국

앞서 연탄, 등유, 도시가스 등 가정에서 직접 연소하는 화석연료의 탄소발자국에 대해 알아보았습니다. 이번에는 우리 집에서 가장 흔하게, 그리고 어쩌면 가장 무심코 사용하는 에너지원인 전기와 열에 대해 알아볼 차례입니다. 전기와 열은 가정에서 사용할 때 불꽃을 내거나 연기가 나지 않아 깨끗해 보이지만 사실 그 뒤에는 작지 않은 탄소발자국이 숨어 있습니다.

전기 사용과 전력 믹스

전기는 가정에서 가장 활용범위가 넓은 에너지원입니다. 냉장고, TV, 컴퓨터, 세탁기, 에어컨, 전기밥솥 등 생활을 편리하게 해주는 가전제품을 작동시키는 데 필수적입니다. 조명, 충전기에도 전기가 사용되고 있습니다. 스위치만 켜면 우리가 원하는 걸 순식간에 가져다주는 전기는 어디에서 올까요?

전기는 거대한 발전소에서 만들어져 복잡한 송배전망을 통해 우리 집까지 전달됩니다. 문제는 전기를 생산하는 과정에서 막대한 양의 온실가스가 배출된다는 점입니다. 2020년 기준 우리나라 전력 생산량의 약 60%가 석탄과 LNG를 태우는 화력발전에 의존하고 있습니다. 화력발전은 석탄이나 LNG를 태워 전기를 얻는 과정에서 다량의 이산화탄소를 배출합니다. 우리가 전기를 많이 쓸수록 발전소에서는 더 많은 화석연료를 태워야 하고, 더 많은 온실가스를 공기 중에 내뿜게 됩니다.

발전과정에서 화석연료를 사용하지 않고 만드는 전기가 있어요. 재생에너지라고 부르는데요, 수력, 태양광, 풍력 발전으로 얻는답니다. 다양한 가전제품이 보급되면서 전기 수요가 느는 가정뿐만 아니라 사무실 건물, 물건을 생산하는 공장에서도 전력 수요가 빠르게 늘고 있어요. 이에 따라 전기의 탄소발자국도 빠르게 커지고 있답니다.

전기의 탄소발자국을 줄이기 위해 모든 나라가 노력하고 있는데 핵심은 전력 믹스에 있어. 전력 믹스는 전체 전력 생산량 중 각 발전방식이 차지하는 비중인데 발전의 탄소발자국을 줄이기 위해서는 재생에너지 비중을 높이는 게 관건이에요.

스웨덴, 노르웨이, 독일처럼 수력 발전, 태양광, 풍력 발전과 같은 재생에너지 비중이 높은 나라에서는 전기 자체의 탄소발자국이 매우 작습니다. 전기 탄소발자국은 전력배출계수[48]라는 지수로 표시하는데 우리나라는 2021년 기준 495g/kWh, 2024년 기준 재생에너지 비중이 높은 핀란드는 83g/kWh, 스웨덴은 18g/kWh, 독일은 321g/kWh입니다. 스웨덴과 핀란드의 전력배출계수가 낮은 이유는 전력 믹스에서 화력발전이 차지하는 비중이 5% 이하로 아주 낮기 때문이에요. 같은 양의 전기를 쓰더라도 전기 사용에 따른 우리나라의 온실가스 배출량은 스웨덴의 27.5배가 되는 셈이에요.

최근 우리나라도 탄소중립 목표 달성을 위해 재생에너지 발전 비중을 늘리려 노력하고 있지만, 여전히 화력발전의 비중이 높아 우리가 사용하는 전기의 숨겨진 탄소발자국은 상당합니다. 집에서 쓰는 전기를 절약하는 것도 중요하지만 재생에너지 비중을 늘리는 정부의 노력이 더 중요합니다.

지역난방 시스템, 효율적인 중앙집중식 열 공급의 명암

대규모 아파트 단지에 사는 친구들이라면 지역난방이라는 말을 들어봤을 거예요. 지역난방은 가정용 보일러 대신 대규모 열 생산 시설에서 뜨거운 물이나 증기를 생산하여 파이프를 통해 각 가정으로 공급하는 방식인데 여러 가지 장점이 있어요.

개별 보일러보다 대규모로 열을 생산하니 더 효율적이며, 열병합 발전소처럼 전기와 열을 동시에 생산하는 경우 에너지 활용률이 더욱 높아집니다. 개별 가정의 보일러에서 배출되던 오염물질을 한 곳에서 집중적으로 관리하여 줄일 수 있습니다.

지역난방 역시 그 열을 생산하는 과정에서 어떤 연료를 사용하는지에 따라 탄소발자국이 달라집니다. 지역난방 열이 석탄이나 LNG와 같은 화석연료를 태워 생산된다면 아무리 효율적이라 하더라도 온실가스를 배출하게 됩니다. 우리 집으로 들어오는 따뜻한 난방 열이 어디에서, 어떤 연료로 만들어졌는지 확인하는 것이 중요합니다. 최근에는 바이오매스(목재 부산물 등)나 소각열, 하수열 등 재생에너지와 폐기물에너지를 활용하여 지역난방 열을 공급하려는 노력이 활발히 진행되고 있습니다.

Scope 2 배출이란?

전기와 열 사용이 온실가스를 직접 배출하지 않더라도 전기와 열 생산 과정에서 온실가스가 배출된다는 것을 알게 되었습니다. 이를 간접 배출 중 하나인 Scope 2 배출이라고 해요. 우리가 플러그를 꽂거나 난방을 할 때 보이는 것은 깨끗한 에너지의 편리함뿐이지만 그 뒤에는 보이지 않는 거대한 에너지 시스템이 작동하고 있으며, 그 시스템의 탄소발자국은 우리의 에너지 소비와 밀접하게 연결되어 있습니다.

따라서 친환경 전기차처럼 보이는 것만으로 친환경성을 단순하게 판단해서는 안 됩니다. 전기를 사용하는 전기차도 전력 생산 방식에 따라 탄소발자국이 달라지듯 우리 집의 전기와 열 사용도 마찬가지입니다.

우리가 사용하는 에너지가 어디에서 오는가에 대한 이해는 매우 중요해요. 이는 우리가 전기를 절약하고, 에너지 효율이 높은 가전제품을 선택하며, 궁극적으로는 재생에너지로의 전환을 촉구해야 하는 이유를 분명히 보여줍니다. 보이지 않는 에너지의 탄소발자국을 줄이는 것은 기후위기 극복을 위한 우리 모두의 책임이자 기회입니다.

5-4 주거에너지 탄소발자국을 줄이는 우리의 노력

2020년 기준 우리나라 가정의 냉난방, 취사, 가전제품 사용을 위한 주거에너지 탄소발자국은 6.41톤으로 전체 가계 소비 탄소발자국에서 무려 51.6%라는 압도적인 비중을 차지했습니다. 일상생활에서 온실가스를 가장 많이 배출하는 영역이 바로 집이라는 것을 명확히 보여줍니다.

기후위기를 해결하기 위해 가정 부문의 에너지 소비 절감과 전환이 매우 중요해요. 가정에서 에너지의 효율을 높이고, 에너지 절약 습관을 실천하고, 화석연료 대신 친환경 에너지로 전환한다면 국가 전체 온실가스 감축 목표 달성에 크게 기여할 수 있다는 뜻입니다. 앞에서 캐스케이드 효과를 언급했었죠? 가정에서 전기 소비를 줄이면 전기를 생산하고 송배전하는 모든 단계에서 사용량을 줄일 수 있고, 캐스케이드 효과에 따라 소비감축으로 줄어드는 사용량은 일차에너지인 화석연료 쪽으로 갈수록 더 커집니다. 가정에서 에너지 소비를 1단위 줄이면 화석연료 7단위를 줄이는 효과가 있음을 꼭 기억하면 좋겠어요.

주거에너지 탄소발자국을 줄이는 구체적인 실천 방안을 알아보기 전에 우선 주거에너지 탄소발자국이 어디서 발생하는지 살펴보기로 해요. 연탄, 도시가스, 전기, 열 등 에너지는 어떤 특정한 목적을 위해 사용하고 있어요. 냉난방, 취사, 조명, 가전제품 사용 등이 대표적이죠. 이들 항목의 탄소발

자국은 그림 23과 같아요.[49]

난방의 탄소발자국 비중이 51.9%로 가장 크죠? 우리나라는 겨울철 난방 수요가 매우 커 에너지 소비에서 난방이 차지하는 비중이 압도적으로 높고 탄소발자국 비중도 큽니다. 여기에 온수의 탄소발자국 비중 14.6%와 취사 6.1%를 더하면 가정에서 필요한 열을 만들면서 발생하는 탄소발자국이 전체 주거에너지 탄소발자국의 72.6%나 됩니다.

이에 비해서 냉방의 탄소발자국은 0.9%밖에 되지 않습니다. 한 달 넘게 지속되는 열대야로 에어컨 가동을 위한 전력 소비가 늘고 이에 따른 탄소발자국도 클 것 같은데, 비중이 0.9%밖에 되지 않는 건 좀 의외이긴 합니다. 다만, 소비 항목별 탄소발자국 비중을 계산하기 위해 활용한 연구가 2017년과 2018년 사이에 이루어진 것이라 최고 기온이 38℃인 날이 이어지는 최근 상황과는 차이가 있을 거예요. 각종 가전제품 사용으로 인한 탄소발자국 비중은 23.1%이고, 조명의 탄소발자국은 3.2%입니다. 기타 0.2%는 화장실이나 주방 환기 팬 가동으로 발생합니다.

그림23 용도별 주거에너지 탄소발자국 비중.

겨울은 좀 춥게

용도별 탄소발자국 비중을 살펴보니, 이제 어디에서 탄소발자국을 줄여야 할지 감이 오나요? 큰 데서 줄이는 게 비교적 쉽고 효과도 좋은 법입니다. 난방과 온수의 탄소발자국 줄이는 방법을 먼저 알아볼까요? 난방 온도를 낮게 설정하면 난방의 탄소발자국을 크게 줄일 수 있어요. 정부는 공공기관의 겨울철 난방 온도를 18℃ 이하로 설정하도록 정했어요.[50] 겨울철 공공기관에 가면 일하시는 분들이 두꺼운 옷을 입고 있는 모습을 봤을 거에요. 집에서도 난방 온도를 낮추고 대신 얇은 옷을 여러 겹 입거나 내복을 입는 등 행동 변화가 필요합니다. 작은 변화만으로도 난방 에너지 소비를 크게 줄일 수 있습니다.

창문과 문을 잘 닫아 외부 공기 유입을 막는 것도 중요합니다. 샤워 시간을 줄이고, 양치컵을 사용하며, 설거지할 때 물을 받아 사용하는 등 온수 사용량을 줄이면 가스나 전기를 절약하고 탄소발자국도 줄일 수 있어요.

전기 절약 습관들이기

가장 쉽고 즉각적으로 탄소발자국을 줄이는 방법은 바로 전기 절약 습관을 몸에 익히는 것입니다. 특별한 기술이나 비용이 들지 않는 손쉬운 방법이죠. 사용하지 않는 전등 끄기, 플러그 뽑기와 멀티탭 활용으로 대기 전력 차단하기, 냉장고 문 자주 열지 않기, 옷 모아서 세탁하기 등 전기를 절약하는 손쉬운 방법이 많이 있어요. 조금의 불편함을 감소하고 조금만 신경 쓰면 할 수 있는 일이죠. 작은 습관이 모이면 우리 가정의 에너지 소비량과 탄소발자국을 유의미하게 줄일 수 있습니다.

저탄소 인프라 구축

주거에너지 절약을 위한 개인의 노력이 중요하지만, 집의 인프라를 저탄소화하는 것이 탄소발자국을 줄이는 데 장기적으로는 더 효과적이에요.

고효율 가전제품 선택과 스마트 홈 기술 활용

가전제품을 새로 살 때는 에너지 소비 효율 등급을 반드시 확인하여 1등급 제품을 선택하세요. 조금 더 비쌀 수 있지만 장기적으로 전기 요금을 절약하고 온실가스 배출량을 줄이는 효과를 가져옵니다. 오래된 형광등을 LED 조명으로 교체하는 것만으로도 조명 전력 소비를 획기적으로 줄일 수 있습니다.

최근 스마트 홈 기술이 발전하면서 에너지 절약을 더욱 효율적으로 관리할 수 있게 되었습니다. 스마트 온도 조절기, 스마트 플러그, 스마트 조명 등은 앱을 통해 외부에서도 집 안의 에너지 시스템을 제어할 수 있어 불필요한 에너지 낭비를 막아 줍니다. 외출 시 조명이나 에어컨 끄는 것을 잊었을 때 스마트폰으로 즉

시 끌 수 있고, 귀가 시간에 맞춰 미리 난방을 켜는 등 효율적으로 에너지를 관리할 수 있어요. 인공지능 기반의 에너지 관리 시스템은 가정의 에너지 사용 패턴을 분석하여 최적의 에너지 절약 방안을 제안해 주기도 합니다.

건물의 에너지 효율 높이기와 재생에너지 생산

건물의 에너지 효율을 높이는 것은 주거에너지 탄소발자국을 줄이는 가장 근본적인 방법입니다. 오래된 주택이나 단열이 미흡한 건물은 겨울철에는 열이 빠져나가고 여름철에는 외부 열이 들어와 냉난방 에너지 소비가 많아집니다. 창문 틈새 막기, 단열재 보강, 이중창 설치 등 단열 성능을 높이는 것은 냉난방 효율을 극대화하여 에너지 소비를 크게 줄여 줍니다.

주택에 태양광 패널을 설치하여 직접 전기를 생산하거나, 지열 히트펌프 등을 활용하여 냉난방에 필요한 에너지를 신재생 에너지로 대체하면 화석연료 사용을 줄일 수 있어요. 초기 설치 비용이 부담될 수 있지만 장기적으로 에너지 비용을 절감하고 탄소 발자국을 0에 가깝게 만들 수 있습니다.

정부의 역할

주거에너지 탄소발자국을 줄이기 위해선 개인의 노력만으로는 한계가 있고 정부의 제도적 지원과 정책 마련이 뒷받침될 때 더욱 큰 변화를 만들 수 있습니다.

태양광, 풍력 등 신재생에너지 발전 비중을 높여 전기 자체의 탄소발자국을 줄이는 것이 무엇보다 중요해요. 가정용 태양광 설치 보조금, 에너지 절약 주택 건설 지원 등 개인과 기업의 친환경 에너지 전환을 장려하는 인센티브 정책을 확대해야 합니다. 정부는 가전제품, 건물, 자동차 등에 대한 에너지 효율 기준을 지속적으로 강화하여, 시장에 더 효율적인 제품과 기술이 보급되도록 유도해야 합니다. 오래된 건물의 단열 개선과 에너지 효율 향상을 위한 정부의 지원 사업은 저소득층의 에너지 빈곤 문제 해결과 온실가스 감축을 동시에 달성할 수 있는 중요한 정책입니다.

우리 집의 에너지 사용으로 인한 탄소발자국을 줄이기 위해서는 개인의 생활 습관 변화부터 첨단 기술의 활용, 정부의 적극적인 정책 지원까지 다방면의 노력이 필요합니다. 이러한 노력이 실제로 어떤 변화를 만들어냈는지 스웨덴의 성공 사례를 통해 구체적으로 살펴보겠습니다.

5-5 스웨덴의 그린홈 정책에서 지속가능한 주거에너지의 미래를 엿보다

앞서 가정 에너지 소비가 얼마나 큰 탄소발자국을 남기는지, 이를 줄이기 위해 어떤 노력이 필요한지 살펴보았습니다. 이러한 노력이 실제로 어떤 변화를 만들어낼 수 있는지, 기후변화 대응의 선두 주자인 스웨덴 사례를 통해 알아보려 합니다. 스웨덴은 주거에너지 분야에서 매우 성공적인 탈탄소화[51]를 이룬 국가로 평가받고 있어요. 스웨덴 사례는 우리에게 많은 시사점을 제공해 줄 겁니다.

스웨덴은 왜 기후 선진국이 되었나?

북유럽에 있는 스웨덴은 일찍이 기후변화의 심각성을 인식하고 대응에 적극적으로 나섰어요. 1970년대 두 차례 석유파동을 겪으며 에너지 안보의 중요성을 깨닫고, 화석연료 의존도를 낮추고 에너지 효율을 높이는 정책을 일관되게 추진해 왔죠. 그 결과 주거에너지 소비와 온실가스 배출량 감축에 큰 성공을 거두었습니다. 스웨덴의 성공은 단순한 기술 개발을 넘어선 과감한 정책 결정과 국민적 합의가 뒷받침되었기에 가능했습니다.

탄소세 도입과 가정 에너지 소비의 변화

스웨덴의 주거에너지 부문 탈탄소화를 이끈 가장 중요한 정책 중 하나가 탄소세 도입입니다. 탄소세는 화석연료 사용에 따른 온실가스 배출량에 비례하여 세금을 부과하는 것으로 화석연료를 많이 사용할수록 더 많은 세금을 내야 합니다. 스웨덴은 1991년 세계 최초로 탄소세를 도입했으며, 이후 지속해서 세율을 인상하여 현재 세계에서 가장 높은 수준의 탄소세를 부과하고 있습니다. 참고로 1991년 가정 부문의 탄소세는 온실가스 톤당 22유로에서 2025년 톤당 134유로로 인상되었습니다.[52]

탄소세 부과로 기름과 가스 같은 화석연료 가격이 오르자, 사람들은 에너지를 절약하거나 재생에너지를 이용한 난방 시스템을 찾게 되었어요. 노후 기름보일러를 사용하던 가정이 지열 히트펌프나 바이오매스 보일러 등 재생에너지 기반의 난방 시스템으로 교체하는 것이 경제적으로 더 나은 선택이 된 거죠. 탄소세는 소비자의 행동 변화를 유도하고 시장의 변화를 촉진하는 데 결정적인 역할을 했습니다.

바이오매스와 폐기물 에너지를 활용한 지역난방의 혁신

겨울이 길어 난방 수요가 많은 스웨덴은 지역난방 시스템이 매우 발달한 나라입니다. 대다수의 도시 지역 가정들이 지역난방을 통해 난방과 온수를 공급받고 있어요. 중요한 점은 이 지역난방 시스템의 연료가 대부분 화석연료에서 바이오매스(산림 부산물, 폐목재 등), 소각열(폐기물 소각 시 발생하는 열), 그리고 산업 폐열 등 친환경 에너지원으로 전환되었다는 점입니다.

스웨덴은 산림 자원이 풍부하여 바이오매스를 활용한 열병합 발전이 발달했습니다. 또한, 폐기물을 매립하지 않고 소각하여 여기서 발생하는 열을 지역난방에 활용하는 시스템을 적극적으로 구축했습니다. 이렇게 재생에너지로 전환함으로써 지역난방의 온실가스 배출량을 획기적으로 줄일 수 있었습니다.

건물 에너지 효율 기준 강화와 재생에너지 보급

스웨덴 정부는 건물 자체의 에너지 효율을 높이는 정책에도 심혈을 기울였습니다. 새 건물을 지을 때 엄격한 단열 기준과 에너지 성능 기준을 적용하여 건물이 처음부터 에너지를 적게 소비하도록 설계했습니다. 오래된 건물의 단열을 강화하고 창문을 고효율 이중창으로 바꾸는 등 에너지 효율 개선을 위한 리모델링을 장려하고 지원하는 정책도 시행했습니다.

이와 함께 가정용 태양광 발전이나 지열 히트펌프 등 신재생에너지를 도입할 경우 보조금을 지급하거나 세금 감면 혜택을 제공하는 등 적극적인 인센티브 정책을 펼쳤습니다. 이러한 정책은 가정 부문에서 화석연료 직접 사용을 줄이고, 재생에너지로의 전환을 가속화하는 데 크게 기여했습니다. 스웨덴의 많은 가정이 태양광 패널로 직접 생산한 전기를 사용하고, 재생에너지 기반의 지역난방으로 따뜻한 겨울을 보내며 탄소발자국을 최소화하고 있어요.

에너지의 낮은 온실가스 배출강도

스웨덴의 사례는 주거에너지 탄소발자국을 줄이는 데 전기와 열 사용량 감축 못지않게 이들 에너지의 배출 강도를 낮추는 게 효과적임을 잘 보여줍니다. 1995년부터 2015년까지 주거에너지 소비가 증가했음에도 불구하고 탄소발자국은 1995년 1억 7,300만 톤에서 2015년 7,500만 톤으로 56% 줄었습니다.[53] 이는 난방용 화석연료 사용량을 95% 줄이고 이를 재생에너지 기반의 전기와 지역난방으로 전환한 결과예요. 주택 난방에는 주로 전기를, 아파트 등 공동주택에는 지역난방을 주로 사용하고 있어요.

난방용 전기사용량 증가에도 불구하고 주거에너지 탄소발자국이 감소한 것은 전력 믹스에서 무탄소 전원과 재생에너지 비중을 크게 늘렸기 때문입니다. 2020년 기준 스웨덴 전력 믹스는 수력 발전 45%, 원전 29%, 풍력 발전 17%, 태양광 발전 1%, 열병합발전 8%로 재생에너지와 무탄소 전원의 비중이 92%입니다.[54] 이에 따라 발전 부문의 온실가스 배출 강도가 매우 낮죠. 전과정을 고려한 2024년 스웨덴 전력의 온실가스 배출계수는 18g/kWh로 한국의 495g/kWh

와는 비교할 수 없을 정도로 낮습니다.

스웨덴 사례가 우리에게 주는 교훈

스웨덴의 주거에너지 정책 사례는 우리에게 중요한 교훈이 됩니다. 탄소세와 같이 강력한 정책 수단은 시장과 소비자의 행동을 친환경적인 방향으로 유도하는 데 매우 효과적입니다. 초기에는 저항이 있을 수 있지만, 장기적인 관점에서 지속가능한 사회로 전환을 촉진합니다. 개별 가정이 에너지를 절약하는 것을 넘어 지역난방 시스템의 연료 전환, 건물 에너지 효율 기준 강화 등 거시적인 시스템 개선이 병행되어야 합니다.

바이오매스, 폐기물 에너지, 지열, 태양광 등 다양한 신재생에너지 기술을 주거 환경과 지역 특성에 맞게 적용하는 유연한 접근 방식이 중요해요. 스웨덴은 수십 년간 일관된 친환경 정책 기조를 유지하며 점진적으로 목표를 달성했습니다. 기후변화 대응은 단기적인 성과를 넘어선 장기적인 비전과 꾸준한 노력이 필요함을 잘 보여줍니다.

스웨덴 사례는 우리가 막연하게 친환경을 외치는 것을 넘어, 구체적인 정책과 기술, 시민들의 참여가 결합할 때 어떻게 거대한 변화를 이끌 수 있는지를 잘 보여줍니다. 우리나라도 주거에너지 탄소발자국을 줄이기 위해 스웨덴의 경험에서 많이 배우고, 우리 실정에 맞는 효과적인 정책들을 개발하여 시민들의 적극적인 참여를 끌어내야 하겠습니다.

기후노트 6 **광명시민에너지협동조합의 재생에너지 전환**

기후위기를 해결하기 위해 탄소발자국이 가장 큰 주거에너지 탄소발자국 줄이기는 더 미룰 수 없는 과제입니다. 앞서 스웨덴 사례에서 확인한 것처럼 주거에너지 탄소발자국을 줄이는 데 전기와 난방 에너지 사용량을 줄이려는 노력뿐만 아니라 재생에너지를 통해 에너지 자체의 탄소 배출 강도를 낮추는 것이 매우 효과적이에요.

개인의 노력으로 주거에너지를 재생에너지로 전환하는 건 한계가 있습니다. 시민들이 힘을 모아 직접 에너지 생산자가 되는 에너지 협동조합은 에너지 전환으로 주거에너지의 탄소발자국을 줄이는 강력한 수단이 될 수 있어요. 경기도 광명시에서 활발하게 활동하고 있는 광명시민에너지협동조합의 사례를 통해 시민 주도 에너지 전환이 어떻게 이루어지는지 알아보겠습니다.

2019년 설립된 광명시민에너지협동조합은 2025년 2월 기준 시민 372명이 조합원으로 참여하고 있습니다. 이 협동조합은 에너지 자립마을을 목표로 광명시 공공시설의 유휴부지를 활용해 시민햇빛발전소를 건설하고 운영합니다.

협동조합은 2020년부터 광명시민햇빛발전소를 짓기 시작하였어요. 현재 광명도서관, 하안도서관, 광명시민체육관, 하안배수펌프장, 광명5동 행정복지센터, 광명동굴 제2주차장 등 6곳에 햇빛발전소를 설치하여 운영하고 있습니다. 2025년말까지 광명시민운동장과 시민체육관에 각각 7, 8호기를 건설하여 햇빛발전소 발전 용량을 1MW까지 확대할 계획입니다.

1~6호 발전소의 2024년 한 해 발전량은 77만 5,517kWh로 매달 300kWh를 사용하는 263가구가 1년 동안 쓸 수 있는

그림 24 광명시민햇빛발전소 2호기.

전력량과 맞먹는 양입니다. 전기 생산으로 한해 온실가스 380 톤을 감축하는 효과가 있었어요.

협동조합은 수익을 조합원들에게 배당하고, 수익금 일부는 지역 사회 환원 사업에 사용하며 광명형 에너지 공유경제 모델을 구축하고 있습니다. 시민들이 태양광 발전을 더욱 친숙하게 느낄 수 있도록 미니태양광 설치 사업과 교육 프로그램도 활발하게 진행하고 있어요. 어린이집의 유모차 보관소 위에 설치한 미니태양광발전소는 아이들과 부모님에게 대단한 인기를 끌고 있다고 해요. 협동조합은 미니태양광발전소를 설치한 어린이집을 대상으로 월 1회 유아와 학부모가 참여하는 넷제로클래스 에너지 교육을 진행하기도 한답니다.

도시에서는 태양광 패널을 설치할 수 있는 공간이 제한적이기 때문에 발전용량을 키우는 건 한계가 있겠지만 전력 수요처인 도시에서 자체적으로 전력을 생산한다는 것 자체만으로 큰 의미가 있는 활동이에요. 광명시민에너지협동조합의 의미 있는 활동에 직접 참여해 보세요. 조합원 가입 기회는 누구에게나 열려 있다고 합니다.

5장에서 우리 집 에너지가 어디에 사용되고 그로 인해 얼마나 많은 탄소발자국을 남기는지와 주거에너지 탄소발자국을 줄이는 방법을 배웠습니다. 이제 마지막으로 우리가 매일매일 소비하는 상품과 서비스가 기후변화에 어떤 영향을 미치는지 알아볼 거예요. 우리가 물건을 사고, 쓰고, 버리는 모든 과정이 지구에 탄소발자국을 남깁니다. 하지만 우리에게는 물건의 탄소발자국을 획기적으로 줄일 새로운 방식이 있습니다. 유한한 지구에서 지속가능한 삶을 위한, 오래되었으나 새로운 방식인 순환경제에 대해 함께 배워 봅시다.

우리는 일상생활에서 수많은 상품과 서비스를 소비하고 이로 인해 탄소발자국을 남깁니다. 2020년 우리나라 평균 가정에서 소비한 상품과 서비스의 탄소발자국은 1,750kg으로 전체 탄소발자국의 14.1%에 불과했어요. 음식과 외식의 탄소발자국 1,489kg보다 약간 더 큰 수준입니다. 생각보다 크지 않아 놀랐나요? 우리 일상에서 상품보다는 서비스를 더 많이 소비하기 때문이에요. 일반적으로 서비스의 탄소발자국은 상품의 탄소발자국보다 낮답니다. 선진국으로 갈수록 상품보다는 서비스를 더 많이 소비한다고 알려져 있어요. 여러분과 가족들의 소비행태가 이미 선진국형으로 바뀌었다는 의미죠.

그림25 에서 보는 것처럼 의류·신발과 가정용품 등 상품의 탄소발자국보다 서비스의 탄소발자국이 훨씬 크다는 것을 알 수 있어요. 특히, 교육서비스의 탄소발자국이 292.5kg으로 상품과 서비스 탄소발자국의 16.6%를 차지했어요. 처음 이 결과를 보고 계산이 잘못되었나 했어요. 원인을 분석해보니 여러분이 다니는 학교, 학원 등 교육시설에서 냉난방을

위해 전기와 화석연료를 많이 사용하여 탄소발자국이 컸어요. 상품과 서비스의 탄소발자국 중 가장 큰 비중을 차지하는 기타 상품과 서비스는 상품을 생산하는 데 필요한 부품과 원재료, 서비스의 탄소발자국이에요.

상품과 서비스 탄소발자국: 1,750kgCO₂eq.

교육서비스 16.8%
기타 상품·서비스 76.0%
의류·신발 0.2%
가정용품 2.5%
의료 2.3%
통신 1.2%
오락·문화 1.0%

그림 25 상품과 서비스 소비로 인한 탄소발자국.

6-2 순환경제라는 자연의 지혜

지금까지 우리의 일상생활이 지구에 남기는 탄소발자국에 관해 이야기했어요. 이제 상품의 탄소발자국을 줄이기 위한 가장 근본적인 해결책을 소개하려고 해요. 바로 순환경제입니다. 순환경제는 재활용을 넘어 우리가 물건을 만들고, 쓰고, 버리는 방식을 완전히 바꾸는 새로운 경제 모델입니다. 순환경제가 왜 등장했고, 어떤 효과가 있는지 알아봅시다.

지금 우리 생활은 대부분 선형경제(Linear Economy) 모델을 따르고 있습니다. 선형경제는 원료 채취 → 생산 → 사용 → 폐기의 단선적인 구조로 이루어져 있어요. 선형경제는 낭비성 경제에요. 이 모델에 따르면 모든 상품은 한 번 쓰고 버려지는 일회용품 취급을 받아요. 선형경제 모델은 산업혁명 이후 대량 생산과 대량 소비를 촉진하며 경제 성장의 원동력이 되었지만, 동시에 여러 가지 심각한 문제를 일으켰습니다. 자원 고갈과 환경 파괴, 쓰레기 문제, 기후변화 등이 대표적이에요.

이런 문제들이 심각해지자 전 세계적으로 선형경제로는 지속가능한 미래를 보장할 수 없다는 위기의식이 커졌습니다. 이에 따라 환경 파괴와 기후변화 문제를 동시에 해결할 수 있는 새로운 경제시스템인 순환경제에 대한 관심이 높아지게 되었어요.

순환경제의 핵심은 자원 순환입니다. 아래 그림처럼 한번 물건이 만들어지면 사용, 수리, 재사용, 재활용을 통해 자연에서 채취한 자원이 계속해서 돌고 도는 순환 고리를 만드는 거죠. 순환경제의 핵심 원리는 크게 세 가지로 요약할 수 있습니다.

첫 번째 원리는 폐기물과 오염물질을 만들지 않는 에코디자인입니다. 에코디자인의 목표는 폐기물을 만들지 않는 것입니다. 디자인할 때부터 물건을 재사용, 재활용할 수 있도록 하는 거죠. 이를 위해 디자이너들은 제품의 내구성을 높여 오래 사용할 수 있도록 만들고, 고장 났을 때 쉽게 수리할 수 있도록 설계합니다. 재활용이 쉬운 단일 소재를 사용하거나, 분해가 쉬운 친환경 소재를 선택하여 제품 수명이 다했을 때도 환경영향을 최소화하도록 합니다. 이러한 디자인은 제품의 수명을 연장하고, 수리하거나 재활용하기 쉽게 만들어 폐기물이 발생하는 근본적인 원인을 차단합니다.

두 번째 원리는 사용 중인 제품과 원료의 가치를 최대한 오래 유지하기입니다. 물건을 한 번 쓰고 버리지 않고, 최대한 오랫동안 사용하는 것이 순환경제의 핵심입니다. 수리, 재사용, 공유가 여기에 해당합니다. 고장 난 물건을 고쳐 쓰고, 필요 없는 물건은 다른 사람과 나누어 쓰며, 물건의 수명을 최대한 연장하여 자원의 가치를 최대한 오래 유지합니다.

세 번째 원리는 자연의 순환 원리입니다. 자연에 쓰레기는 없습니다. 아프리카의 광활한 초원을 예로 들어볼까요?

선형경제와 재활용경제를 넘어 순환경제로.

초원을 덮고 있는 다양한 풀은 초식동물의 먹이가 됩니다. 초식동물이 풀을 먹고 싼 똥은 다시 흙으로 돌아가 풀의 양분이 됩니다. 이렇듯 자연 생태계에서는 모든 물질이 돌고 돈답니다. 한 번 쓰고 버리는 쓰레기라는 개념 자체가 없어요. 순환경제는 이런 자연의 순환 원리를 모방한 것입니다. 수명이 다한 제품은 오염 없이 자연으로 되돌아가거나, 다른 제품의 원료로 활용됩니다. 이러한 원리를 통해 순환경제는 자원 낭비를 막고, 쓰레기를 없애 자연환경에 대한 부담을 최소화합니다.

물건을 생산하는 공장의 온실가스 줄이기가 가장 어렵다고 합니다. 순환경제는 공장의 탄소발자국을 줄이는 강력한 해법으로 주목받고 있어요. 전 세계에 순환경제를 적용하면 온실가스 약 93억 톤을 줄일 수 있다고 해요. 이는 전 세계 모든 공장에서 배출하는 온실가스 배출량의 약 45%에 해당하는 양이에요.[55]

물건을 다시 쓰고, 고쳐 쓰고, 재활용하면 원료를 새로 채취하거나 가공하는 과정이 줄어 이들 과정이 남기는 탄소발자국이 줍니다. 예를 들어, 알루미늄 캔을 재활용하면 새 캔을 만드는 데 필요한 에너지의 약 95%를 절약할 수 있다고 합니다. 에너지가 주니 탄소발자국도 그만큼 줄겠지요?

폐기물처리 과정의 탄소발자국도 줍니다. 순환경제는 폐기물의 양을 원천적으로 줄이거나, 폐기물을 에너지로 활용하는 방식을 통해 탄소 배출량을 감축합니다. 원료나 폐기물 운송량이 줄 테니 운송으로 인한 탄소발자국도 많이 줄겠네요.

순환경제는 우리의 소비 습관을 바꾸는 것에서부터 시작됩니다. 물건을 사기 전에 한 번 더 생각하고, 버리기 전에 새로운 용도를 고민하는 작은 실천이 필요해요. 이런 소비 습관을 바꾸는 노력과 함께 순환경제 원칙에 따라 생산된 제품을 우선 구입하고, 이 원칙을 따르도록 정부와 기업에 압력을 가하는 것도 필요해요. 유럽은 일부 상품에 대해 내구성, 재사용 가능성, 수리 용이성을 대폭 높인 에코디자인 적용을 의무화했어요. 우리나라도 이 좋은 제도를 하루빨리 적용할 수 있도록 해야겠죠?

오픈플랜의 플라스틱 프리 패션 도전

매년 전 세계에서 버려지는 옷이 9,200만 톤에 달합니다. 2000년에서 2015년 사이 옷 생산량은 두 배로 늘어났지만, 우리가 옷을 입는 기간은 36%나 짧아졌어요. 한두 번 입고 쉽게 버리는 패스트패션이 전 세계에서 유행하면서 생긴 문제죠. 이렇게 버려진 옷들은 대부분 땅에 묻히거나 태워지는데 의류 쓰레기는 플라스틱 쓰레기의 11%를 차지할 만큼 심각한 오염원이에요. 게다가 우리가 새로 사는 옷의 재료 중 재활용 섬유는 고작 8%밖에 되지 않아요.

의류 산업은 전 세계 온실가스의 2~8%를 배출하고 있어요. 국제 항공과 해상운송이 배출하는 양보다 훨씬 많다고 하니 정말 놀랍죠. 그렇다면 기후위기 시대 정말 멋진 패션은 무엇일까요? 우리나라 지속가능패션의 선두 주자인 오픈플랜의 이옥선 대표님께 그 답을 들어보았습니다.

Q 회사 홈페이지에 예쁜 쓰레기를 만들지 않겠다는 결심으로 오픈플랜을 시작하셨다고 했는데 구체적으로 어떤 뜻인가요? 어떤 계기가 있었나요?

이옥선 예쁜 쓰레기라고 한 것은 제가 평소에 쓰레기 문제라기보다는 쓰레기에 관심이 좀 많았어요. 관심이 있었다기보다는 쓰레기에 대한 불편한 마음이 항상 있었던 것 같아요. 쓰레기는 인간만이 만들어 낸다고 생각했죠. 거래처들을 방문하러 서울 곳곳을 다닐 때마다 여러 생활 쓰레기와 잘 정리되지 않은 길가에 그냥 버려진 쓰레기 사진을 찍어서 SNS에 재밌는 제목을 달아서 올리곤 했어요. 지구상에 인간만이 쓰레기를 만들어 낸다는 생각이 참 불편했었고 저는 패션 디자이너라는 직업을 가지고 있는데 계속 뭐 무언가를 만들어 내는 사람으로서 결국 그게 쓰레기가 되는 것에 대한 불편한 마음이 항상 있었던 것 같아요. 제가 만든 옷들이 모두 잘 사용되면 좋겠지만 그렇지 않은 경우도 참 많았어요. 사용되지 않는 옷은 결국 쓰레기로 버려졌고, 제가 공들여 만들어 낸 예쁜 쓰레기라는 생각이 들었어요. 환경영향을 줄이거나 좀 더 나은 물건을 만들 수 없을까 하는 생각을 하게 되었어요.

그러던 차에 다큐멘터리 《플라스틱 차이나》를 보게 되었어요. 플라스틱 쓰레기로 재활용 플라스틱 칩을 만드는 어느 마을 이야기인데. 일반 플라스틱에 관한 이야기지만 우리가 다루는 합성섬유도 크게 다르지 않다는 생각에 참 괴로웠고 어떤 방식으로든 해결책을 찾고 싶었어요.

Q 글로벌 의류업체들이 재생 플라스틱으로 옷을 만드는 것을 친환경이라 주장하잖아요. 이에 대해선 어떻게 생각하시나요?

이옥선 한때는 페트병 등을 재활용해서 만든 그런 제품들에 대해서 불편한 마음이 있었던 게 사실이에요. 그건 결국 플라스틱인 거고 그렇게 재활용한다고 해서 플라스틱 양을 줄일 수 있을 것인가에 대해 부정적이었어요. 플라스틱 소비를 오히려 부추길 수도 있으니 그러지 않으면 좋겠다는 생각이 들었어요. 하지만 현대 의복엔 다양한 기능 요소가 있는데 합성섬유가 아닌 식물섬유 등 대체제로는 그런 기능적인 부분을 만족하기 어렵거든요. 이런 상황에서 우리가 플라스틱을 사용해야 한다면 어떤 플라스틱을 사용할 것이냐에 대한 해법으로 재생 플라스틱을 인정해야 하지 않을까요?

그림 27 지속가능패션의 선두 주자인 오픈플랜의 이옥선(왼쪽) 대표와 길거리에 버려진 종이 포장지로 만든 명함(오른쪽).

Q 플라스틱 프리 98%, 비건 100% 옷을 만들고 계신데, 플라스틱 프리는 불가능한 도전처럼 보입니다. 남은 2%는 무엇인가요?

이옥선 기능적인 부분에서 2%는 아직 플라스틱을 사용하고 있어요. 봉제할 때 사용하는 실, 옷의 구조를 지탱하는 심지, 신축성 소재 등은 플라스틱 유래 합성섬유를 쓰고 있어요.

Q 오픈플랜 이야기 중 제가 재밌다고 생각한 것 중 하나가 단추인데요, 단추에 대해 설명을 좀 해 주세요.

이옥선 단추 이야기는 다들 재미있어 하세요. 패션의 역사에서 지퍼 발명은 획기적인 일이에요. 지퍼가 없을 땐 단추를 사용했죠. 영화 〈바람과 함께 사라지다〉를 보면 다다다다 달린 단추를 하나하나 채우며 아주 느리게 옷을 입는 장면이 나와요. 근데 지퍼가 발명된 후 아주 빠르고 쉽게 옷을 입고 벗을 수 있게 되었죠.

플라스틱으로만 된 지퍼도 있고, 이빨이 금속 소재인 것도 있지만 그것을 잡고 있는 테이프 부분은 모두 합성섬유로 되어 있어 플라스틱 프리 지퍼를 만드는 건 어려워요. 그래서 이점을 드러내 보려고 모든 옷의 여밈을 단추로 하였어요. 단추도 가장 흔한 게 플라스틱인데, 플라스틱이 아닌 식물성 소재로 된 단추를 찾다가 너트 단추를 만나게 되었어요. 너트 단추는 말 그대로 식물 열매로 만든 단추인데요. 상아야자 나무 열매로 만든 단추입니다. 상아야자 나무 열매는 독특한 질감이 있는 고급스러운 소재예요. 이 나무 열매는 다 익어 땅에 떨어지고 나서야 비로소 단추로 사용할 수 있는 강도가 된대요. 나무를 꺾거나 하지 않고 자연스럽게 채취할 수 있다는 점에서 나무에 어떤 영향을 주지 않아도 된다는 점도 매력적이었어요.

너트라고 하니 견과류를 떠올리시고 먹을 수 있냐고 물어보시는 고객들이 있는데 먹으면 안 됩니다. 너무 딱딱해서 먹을 수도 없어요.

Q 저는 요즘 우리가 빠르고 간편한 것을 추구하는 것이 기후위기를 포함한 환경문제를 일으키는 근본적인 원인이 아닐까 하는 생각을 하며 어떻게 하면 좀 느리게 살 수 있을까하고 생각을 많이 해요. 그런 측면에서 지퍼가 아닌 단추가 달린 옷의 느림이 흥미롭습니다. 의류 재료뿐만 아니라 염색도 친환경적인 것을 추구하고 계신 거로 알고 있습니다. 기후환경 분야에서는 이를 전과정 접근법이라고 합니다. 원재료 채굴, 생산, 사용, 폐기 등 제품의 모든 단계에서 환경영향을 고려하는 것입니다. 어떻게 이런 생각을 하게 되셨는지 궁금합니다.

이옥선 오픈플랜 런칭 전에도 염색 공정의 환경영향에 대한 우려가 오히려 더 컸어요. 잘 알고 있던 문제이기도 했고요. 하지만 염색 공정을 바꾸는 건 재료를 바꾸는 것보다 더 어려웠어요. 염색 공정 자체가 규모가 크고, 기능 면에서도 고려해야 할 게 많아 염색은 지금도 풀어야 할 큰 숙제 중 하나로 남아 있어요.

지속가능한 패션을 추구하면서 하고 싶은 것과 해야 하는 게 많아요. 하지만 아직 모르는 게 너무 많다는 걸 인정하고, 할 수 있는 것, 제일 작은 것부터 해 보자라고 생각했어요. 소재를 먼저 바꾸었고, 염색도 바꾸었죠. 그러면서 할 수 있는 범위를 점점 더 넓혔어요. 전과정 접근법을 말씀하셨는데, 처음부터 이런 개념이 있었던 건 아니고 지속가능한 패션을 하기 위해선 이것도 해야 하고, 저 문제도 해결해야 하지 않나라는 막연한 생각 속에서 더 많은 정보를 접하게 되고 이해가 더 깊어지면서 자연스럽게 다양한 측면을 고려하게 된 것 같아요.

Q 한동안 "우리가 당신의 옷을 만듭니다"라는 캠페인을 하셨는데, 어떤 캠페인이며, 어떤 목적이 있는지 궁금합니다.

이옥선 〈우리가 당신의 옷을 만듭니다〉 캠페인도 비슷한 맥락에 있어요. 이 캠페인은 저희가 시작한 것은 아니고 세계적인 패션 운동 단체인 패션 레볼루션이 시작한 운동이에요. 2013년 방글라데시에 있는 라나 플라자 붕괴 사고가 있었잖아요. 이 건물엔 다국적 브랜드의 의류를 제작하는 봉제 기업들이 입주해 있었는데 낡은 건물에 열악한 근무 환경에서 어린 노동자들이 근무하다가 건물이 무너지며 삼천 명 이상이 생명을 잃거나 상처를 입었어요. 패션업계는 화려한 패션쇼를 열어 아름다움과 멋짐에 대해 이야기하지만, 정작 옷을 만드는 사람은 열악한 환경에서 고통받고 심지어 죽음에 내몰린다는 사실에 많은 사람이 경악했죠. 이

사건을 계기로 패션 레볼루션은 소비자들에게 자기가 좋아하는 옷을 뒤집어 옷 브랜드가 보이도록 사진을 찍은 후 SNS에 올리면서 그 브랜드를 태그하고 #Whomademyclothes라는 해시태그를 다는 운동을 시작했어요. 당신 브랜드가 멋진 거 알고 당신 브랜드 옷도 좋아하는데 그 옷은 도대체 어디서 누가 어떻게 만드느냐고 묻는 거죠.

저희 브랜드에 패션 전공 학생이 방학 동안 인턴으로 와서 일한 적이 있어요. 한번은 어떤 학생이 생산공장에 다녀온 후 "옷을 사람들이 만들고 있어서 놀랐어요"라는 말을 한 적이 있었어요. 그 말을 듣고 깜짝 놀랐어요. 일반인도 아닌 패션 전공자의 입에서 옷을 사람이 만들고 있어 놀랐다는 말을 들을 줄은 상상도 못했거든요. 서울에 얼마나 많은 봉제공장이 있고 그 안에서 일하는 사람들이 얼마나 많은데요. 패션 전공자가 이 정도이니 일반인들은 말해 무엇하겠나 하는 생각이 들더라고요. 생산과 소비 사이의 거리가 이렇게 멀다는 생각과 함께 옷도 돈만 주면 손쉽게 내 손에 들어오는 단순한 상품으로 취급받고 있구나 싶었어요. 옷을 만드는 사람이 누구인지 알 수 있다면 패션에 대해 좀 다르게 생각하고, 옷을 고르는 또 다른 기준이 될 수도 있겠다는 생각으로 오픈플랜도 캠페인에 동참하였어요.

Q 옷뿐만 아니라 요즘 모든 물건이 다 그런 거 같아요. 마트에 보기

좋게 진열된 상품만 보이지 그걸 도대체 누가 어떤 방식으로 만드는지 전혀 알 수가 없잖아요. 대표님 말씀을 들으니, 생산과 소비가 완전히 떨어져 있는 현실이 다양한 문제를 일으키는 근본 원인이 아닌가 하는 생각을 또 하게 됩니다. 사업 측면에서 오픈플랜을 이전 브랜드인 아웃스탠딩 오디너리와 비교하면 어떤가요?

이옥선 둘 다 장단점이 있는 것 같아요. 아웃스탠딩 오디너리는 지속가능 패션이니 이런 고민 없이 멋짐으로만 승부를 보면 되어서 편했던 것 같아요. 다른 브랜드와 크게 다르지 않아 경쟁이 더 심했던 건 사실이죠. 오픈플랜을 런칭한 이후 크게 달라진 건 농부, 환경단체 관련자 등 정말 다양한 분야의 사람들과 교류하고 협업하게 되었다는 점이에요. 작가님과 이야기를 나누고 있는 것도 오픈플랜 덕이잖아요. 사업적으로 성공시키는 건 또 다른 과제인 것 같아요. 여전히 쉽지 않죠.

Q 2017년 겨울에 오픈플랜 런칭하였으니 벌써 8년이 지났는데요, 지속가능패션에 대한 생각은 처음과 같은지 궁금합니다.

이옥선 쓰레기에 대한 불편함을 제 일과 연결해 해결해 보려고 지속가능패션을 시작했는데 최근엔 제가 생각하는 지속가능함과 패션이라는 말이 참 모순된다는 생각이 들어요. 재생 플라스틱을 배척하던 초기의 생각은 이제 어느 정도 바뀌었고요. 오픈플랜이 그동안 실천해 왔고 사람들에게 같이 하자고 이야기했던 방식이 너무 일방적이지 않았나 하는 생각이 들어요. 저희가 옳다고 생각하는 방식을 소비자들에게 강요한 건 아닌가 싶어 우리가 추구하고자 하는 바를 세상과 어떻게 조율하면 좋을까라는 생각을 많이 해요.

Q 회사의 비전이 대표님 개인엔 어떤 영향을 주었나요? 일상에서 플라스틱이나 온실가스를 줄이기 위해 어떤 실천을 하시나요? 양갱 포장 상자에 찍은 명함이 인상적이었는데 명함을 받은 분들의 반응이 궁금합니다.

이옥선 무엇을 하고 있을까요? 장바구니를 늘 가지고 다니고, 텀블러 사용을 좋아하고, 자전거 타는 걸 좋아하고, 지역농산물을 애용하고 있어요. 양갱 포장지 등 제 생활에서 나오는 폐종이에 도장을 찍어 만든 명함은 개인적으로 참 고민이 많아요. 개인적으로는 그 명함이 참 좋고 재밌고 특색있는데 말이죠. 해외 박람회에 가면 바이어분들이 참 좋아하세요. 뒷면에 예쁜 한글이 있으니 좋아하시고 챙겨가시지만, 그런 모습이 너무 수수하지 않나? 사업적으로 옳은 모습인가라는 생각이 많이 들어요. 전기차하면 친환경적인 건 물론이고 미래적이라 멋있고 끌리잖아요. 그런데 지속가능한 패션은 과연 그런 이미지를 잘 만들어 가고 있는지 고민하게 돼요. 그래서 참 고민이랍니다. 우리끼리만 의미를 두고 무언가를 하는 게 무슨 소용인가 싶기도 하고요.

Q 기후나 환경, 또는 다른 사회 운동하시는 분들이 공통으로 갖는 느낌인 것 같아요. 이런 가치는 화려하고 찬란하게 빛나는 것과는 거리가 좀 있는 거라서 그런 게 아닌가 싶습니다. 마지막으로 미래세대인 청소년들에게 하시고 싶은 말씀이 있나요?

이옥선 세상의 모든 물건은 누군가의 작은 아이디어에서 시작됩니다. 그 아이디어는 세상을 더 나은 곳으로 만들고, 사람들의 삶을 건강하게 바꾸기도 하죠. 소비자나 사용자에 머무르지 말고, 직접 만드는 생산자, 창조자가 되어 보세요. 좋은 물건을 만든다는 건 곧 좋은 세상을 만들어 가는 일이니까요.

아! 생산자가 되기 전까진 현명한 사용자로서도 세상에 기여할 수 있습니다. 쉽게 버리게 되는 물건보다 오래 쓰일 수 있는 물건을, 단순한 편리함만이 아니라 좋은 가치를 담은 물건을 선택하고 지지하는 것이죠. 이런 작은 선택들이 모여 더 나은 세상을 만드는 큰 힘이 됩니다. 그리고 가능한 한 큰 꿈을 꾸세요. 그 꿈의 크기와 모습만큼, 더 멋진 세상에 가까워질 테니까요.

3장부터 6장에 걸쳐 우리가 일상생활 중 어디서 얼마나 큰 탄소발자국을 남기는지 자세히 알아봤어요. 일상적인 행동 하나하나가 탄소발자국을 남긴다니 여러분이 기후위기를 일으키는 죄인이 된 듯한 기분이 들죠?

육식을 줄이고, 에너지를 아껴 쓰고, 물건을 재활용·재사용하는 등 소비 행동을 바꾸는 것은 기후위기를 해결하기 데 매우 중요합니다. 하지만 안타깝게도 우리 개개인의 행동 변화만으로는 기후위기라는 거대한 문제를 해결하기에 충분치 않습니다. 우리는 이 거대한 문제의 본질을 좀 더 깊이 들여다봐야 합니다. 이번 장에서는 우리가 미처 몰랐던 기후위기의 진짜 원인과 그 해결책을 이야기해 보려 합니다.

우리는 흔히 기후변화를 해결하기 위해서는 개인의 노력이 매우 중요하다고 생각합니다. 정부가 하는 공익광고는 물론이고 기업의 광고에서도 그런 메시지를 심심찮게 볼 수 있어요. 대중교통을 이용하고, 고기를 덜 먹고, 에너지를 절약하고, 플라스틱 사용을 줄이는 등 소비 습관을 바꾸는 것이 탄소발자국을 줄이는 효과적인 방법임은 분명합니다.

하지만 전 세계 온실가스 배출량의 절반 이상은 개인의 소비와 관련이 없습니다. 전 세계 온실가스 배출량의 약 60%는 상품과 서비스 생산 과정에서 발생합니다.[56] 이를 공급망의 배출량이라고 합니다. 우리가 상품이나 서비스를 사서 쓰든 말든 이만큼의 온실가스는 이미 배출되는 거죠. 나머지 약 40%가 소비로 인한 배출량입니다.

우리나라 전체의 온실가스 배출량도 비슷한 경향을 보입니다. 아래 그림28 을 같이 한번 볼까요? (a)는 소비, 투자, 수출의 탄소발자국을, (b)는 소비, 투자, 수출의 GDP에 대한 기여도입니다. 2020년도 자료를 이용하여 분석한 결과입니다. 우리나라의 모든 경제활동은 크게 소비, 투자, 수출로 나눌 수 있어요. 지금 이 책에서 살펴보고 있는 우리 가정의 소비는 세 항목 중 소비에 해당해요. 소비에는 정부의 소비도 포함되어 있지만, 가정 소비와 비교하면 그리 많지 않아요.

⒜와 ⒝의 차이를 발견하셨나요? GDP에서 소비의 비중이 49.4%로 가장 컸는데 탄소발자국은 수출이 43%로 소비보다 더 크네요. 소비의 탄소발자국이 38%로 좀 전에 소개한 수치(40%)에 상당히 근접합니다. 소비, 투자, 수출의 탄소발자국과 GDP에 대한 기여도는 나라마다 달라요. 우리나라처럼 자동차, 조선, 반도체, 석유화학 등 제조업을 기반으로 수출에 의존하는 나라는 수출의 탄소발자국이 높지만, 유럽이나 미국처럼 서비스업이 발달한 나라에서는 소비 탄소발자국 비중이 높아요.

우리가 사용하는 전기, 열, 가스 등 주거에너지와 우리가 소비하는 상품과 서비스에서 발생하는 탄소발자국을 합친 소비 탄소발자국은 우리나라 전체 온실가스 배출량의 약 40% 정도에 불과합니다. 나머지 60%는 에너지 생산, 산업, 농업 등 우리 소비자가 직접 제어할 수 없는 영역에서 발생합니다. 따라서, 소비변화는 매우 중요하지만, 그것만으로는 기후위기를 근본적으로 해결할 수 없습니다. 우리는 더 큰 변화, 즉 에너지 시스템과 산업의 전환을 끌어내야 합니다.

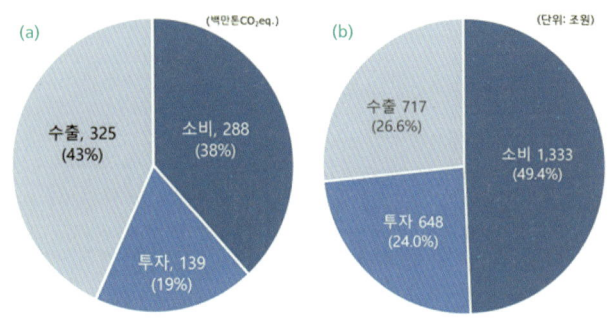

그림 28 소비, 투자, 수출의 탄소발자국과 GDP 기여도.

7-2 에너지와 산업부문의 탈탄소화가 중요하다

2020년 전 세계를 휩쓴 코로나19 팬데믹은 우리의 삶을 완전히 바꿔놓았습니다. 사람들은 외출을 삼가고, 공장 가동이 멈추면서 지구촌 전체의 온실가스 배출량이 일시적으로 크게 줄었습니다. 항공 여행이 줄고, 자동차 운행이 감소하면서 교통 부문의 배출량이 특히 더 줄었습니다. 앞서 소개한 것처럼, 산업혁명 이후 계속 증가하던 온실가스가 감소한 몇 몇 시기 중 감소 폭이 가장 컸던 때가 바로 코로나19 팬데믹이 정점에 있던 2020년입니다.

코로나19 팬데믹 시기 어디에서 어떻게 온실가스 배출량이 줄었을까? 사회적 거리 두기로 인한 소비변화는 가정 탄소발자국에 어떤 영향을 주었을까? 팬데믹 기간 탄소발자국 변화를 분석하여 앞으로 온실가스를 줄이기 위해 소비자들의 어떠한 소비 행동 변화가 필요할지 알 수 있을까? 제 박사 학위 논문을 위한 연구는 이 세 가지 질문에서 시작되었습니다.

2020년 우리나라를 포함한 전 세계 온실가스 배출량이 전년보다 감소했어요. 강력한 사회적 거리 두기로 사람들의 일상생활과 소비 활동이 잠시 멈추었기에 개인의 탄소발자국도 줄었으리라 예상하였죠. 코로나19 팬데믹 시기를 분석한 연구들 모두 가정의 탄소발자국이 줄었다는 결과를 제시하였어요. 제 연구결과도 비슷했어요. 하지만 좀 더 자세히 들여다봤더니 재밌는 결과가 나오더군요.

아래 그림29 의 막대그래프를 한번 볼까요? 첫 번째 칼럼(2019년)은 2019년 우리나라 평균 가정의 탄소발자국이에요. 12.98톤이네요. 두 번째 칼럼(2020년(a))은 지금까지 쭉

언급했던 2020년 탄소발자국으로 12.41톤입니다. 2019년보다 약 4.4% 감소하였어요. 세 번째 칼럼(2020년(b))은 2020년 우리나라 산업 구조는 2019년과 같다고 가정한 후 소비변화만을 고려하여 산정한 2020년 가정 탄소발자국인데 13.25톤으로 2019년과 비교하면 오히려 약 2.1% 증가하였습니다. 지금껏 코로나19 팬데믹의 영향으로 2020년 온실가스 배출량은 전년보다 줄었다고 했는데, 이게 어찌 된 일일까요?

팬데믹으로 우리나라 산업 구조와 소비자의 소비패턴이 같이 변했습니다. 산업 구조와 소비패턴 변화로 인해 2020년 가정 탄소발자국은 줄었으나, 산업 구조 변화요인을 제거하고 소비변화 영향만을 고려하면 2020년 가정 탄소발자국은 2019년보다 늘었다는 의미입니다. 즉, 2020년 가정 탄소발자국 감소는 소비변화의 결과가 아니라 산업 구조가 변한 결과입니다. 산업 구조 변화는 주로 화석연료 사용량 감소로 화력발전의 온실가스 배출량이 큰 폭으로 감소한 영향이 컸습니다.

흥미로운 점은 화력발전 부문의 온실가스 배출량은 급감

하였으나 우리나라의 주요 산업인 석유화학과 철강 부문의 탄소배출강도는 오히려 증가하였다는 것입니다. 팬데믹이라는 이례적인 상황에서도 소비 측면 온실가스 감축이 어렵다는 것과 소비 측면 감축을 위해서는 석유화학과 철강 산업의 탈탄소화가 필요함을 의미합니다.

코로나19 팬데믹을 통해 우리는 두 가지 아주 중요한 교

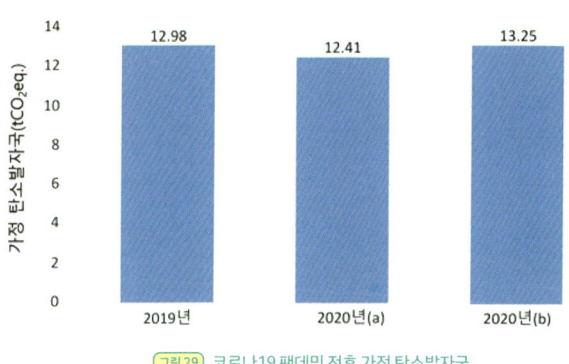

훈을 얻을 수 있었어요. 하나는 개인의 소비변화를 통해 탄소발자국을 줄이기는 매우 어렵다는 점이고, 다른 하나는 발전 부문, 석유화학과 철강 등 우리나라 근간 산업의 탈탄소화 없이 개인의 탄소발자국을 줄이는 데 한계가 있다는 것입

니다.

　기후위기 해결을 위해 개인의 노력이 필수적이지만, 기후위기 진짜 해결책은 온실가스 배출량의 가장 큰 부분을 차지하는 화력발전과 석유화학, 철강 등 에너지 부문과 산업부문의 탈탄소화입니다. 화석연료를 대체할 재생에너지 확대, 탄소를 배출하지 않도록 산업 공정 혁신, 그리고 폐기물을 최소화하는 순환경제가 함께 이루어져야만 비로소 기후위기를 해결할 수 있습니다.

기후노트 7　수소환원철 이야기

　가정의 탄소발자국을 줄이기 위해선 산업부문의 탈탄소화가 필수적입니다. 탈탄소화가 가장 어려운 부문 또한 산업부문입니다. 산업부문의 탈탄소화는 어떻게 가능할까요? 철강을 생산하는 포스코는 우리나라에서 온실가스를 가장 많이 배출하는 기업으로 악명이 높습니다. 2022년 기준 온실가스 배출량은 7,019만 톤으로 우리나라 전체 온실가스 배출량의 약 10%에 해당하는 양입니다.

온실가스 배출의 주범인 철강 산업이 변신을 준비하고 있습니다. 수소환원철이 바로 그 주인공입니다. 수소환원철은 간단하게 말해 수소로 철을 만드는 기술로 탄소 배출 제로를 목표로 하는 친환경 제철 기술로 주목받고 있어요. 지금은 철광석에서 철을 뽑아낼 때 석탄(코크스)을 사용하는데, 이 과정에서 엄청난 양의 이산화탄소가 배출됩니다. 수소환원철 기술은 석탄 대신 수소를 이용하기 때문에 철을 만드는 과정에서 물만 배출되고, 이산화탄소는 전혀 나오지 않습니다.

기존의 용광로 방식은 철 1톤을 생산할 때 평균 1.89톤의 온실가스를 배출합니다. 하지만 신기술을 적용하면 이 온실가스 배출량을 90% 이상 줄일 수 있다고 해요. 수소를 이용한 화학반응에서는 이산화탄소 대신 물만 나오기 때문이죠. 철강 산업은 전 세계 온실가스 배출량의 약 7~8%를 차지할 정도로 온실가스 배출이 많은 산업입니다. 수소환원철 기술이 상용화되면 전 세계적인 기후위기 대응에 아주 크게 기여할 겁니다.

수소환원철 기술은 철강 산업 탈탄소화를 위한 꿈의 기술이지만 아직 극복해야 할 문제가 많이 남아 있습니다. 가장 어려운 기술적 문제는 고온에서 수소와 철광석을 반응시켜 철을 뽑아내는 겁니다. 수소를 안정적으로 공급하는 것도 큰 과제입니다. 수소는 재료와 생산 방식에 따라 핑크 수소, 그레이 수소, 그린 수소, 블루 수소로 분류하는데 온실가스를 줄이기 위해서는 핑크 수소나 블루 수소를 사용해야 합니다. 이 두 수소는 물을 전기분해하여 만들어지는데 전원이 원전에서 나온 수소를 핑크 수소, 재생에너지에서 나온 수소를 블루 수소라고 해요.

우리나라는 아직 재생에너지 비중이 작아 블루 수소 생산비용이 다른 나라보다 훨씬 높답니다. 수소환원철이 철강 부문의 탈탄소화 대책이 되려면 재생에너지 확보가 관건입니다. 수소환원철 생산설비 구축에 필요한 막대한 투자금을 마련하는 것도 큰 과제입니다.

수소환원철 기술은 철강 산업을 온실가스 배출 산업에서 친환경 산업으로 탈바꿈시킬 것입니다. 수소환원철 기술이 상용화되면 철강 산업뿐만 아니라 자동차, 선박, 가전제품, 건물 등 철강을 사용하는 모든 제품의 탄소발자국이 크게 줄어들게 될 것입니다. 그러니 우리 철강업체가 수소환원철로 생산공정을 전환하도록 적극적으로 지지하고, 더 속도를 내서 사업을 빨리빨리 추진하라고 격려하고 채찍질해 줍시다.

7-3 정치와 정부 정책이 바뀌어야 한다

기후위기라는 거대한 문제를 해결하려면 우리 모두의 노력이 필요해요. 육식과 음식물 쓰레기를 줄이고, 대중교통을 이용하고, 집에서 전기를 절약하는 등 탄소발자국을 줄이기 위한 개개인의 작은 실천이 물론 중요합니다. 하지만 온실가스를 많이 배출하는 산업을 저탄소 산업으로 바꾸고, 재생에너지로 전환하며, 탄소중립을 위해 국제 사회와 협력하는 일은 개인이 할 순 없어요. 이런 거대하고 복잡한 문제를 푸는데 정치와 정부의 역할이 무엇보다 중요해요.

기후위기는 이제 단순한 환경문제를 넘어 미래 세대의 삶을 결정하는 중대한 사안이며, 경제와 사회 전반을 바꿔야 하는 문제입니다. 하지만 지금까지 우리나라는 물론 전 세계 많은 정부가 경제 성장과 이익에 집중하면서 실질적인 기후위기 대응을 미뤄왔어요. 이제 말잔치가 아닌 실질적인 행동에 나서야 합니다.

정부의 소극적인 대응에 맞서 미래세대인 청소년들이 직접 나섰습니다. 정부가 충분한 기후 정책을 마련하지 않아 자신들의 생존권이 위협받고 있다며 헌법에 보장된 권리를 지켜달라고 호소한 거죠. 이들은 단순히 불만을 토로하는 대신 법의 힘을 빌려 국가의 책임과 역할을 바로 세우고자 했어요. 이제 그 용감한 외침이 어떻게 역사적인 판결을 끌어냈는지 함께 살펴보겠습니다.

2020년 청소년기후행동은 헌법재판소에 소송을 제기했습니다. 이들은 기후변화에 대한 정부의 미흡한 대응이 헌법상 기본권을 침해한다며 헌법재판소에 헌법소원을 제기했어요. 이 소송은 아시아에서 처음으로 제기된 기후변화 관련 헌법소원으로 주목받기도 했죠.

헌법소원에서 청소년들은 두 가지를 주장했습니다. 첫째, 정부가 설정한 온실가스 감축 목표는 기후위기를 막기에 충분치 않으며, 이로 인해 미래세대인 청소년들의 생명권, 환경권, 행복추구권 등이 침해된다는 주장입니다. 둘째, 2030년 감축 목표만 있을 뿐 2031년부터 2049년까지의 구체적인 감축 계획이 없다는 점을 지적했습니다. 이는 미래 세대에게 탄소 감축의 부담을 떠넘기는 것이라고 보았습니다.

2024년 8월 헌법재판소는 이 소송에 대해 온실가스 감축 목표를 정한 탄소중립기본법이 헌법에 불합치한다는 역사적인 판결을 했어요. 2031년부터 2049년까지의 온실가스 감축 목표에 대해 구체적인 기준이 없는 것이 헌법에 맞지 않는다고 판단하여 청소년들의 주장에 손을 들어 준 거죠.

헌법재판소 판결은 아시아에서 처음으로 나온 기후 소송

판결로 아주 중요한 의의가 있어요. 기후위기를 개인의 기본권을 위협하는 위험 요인으로 공식 인정했고, 미래세대의 생명권과 행복추구권을 보장하기 위해 국가가 기후변화에 적극적으로 대응해야 한다는 점을 분명히 했어요.

헌재판결은 기후위기 대응에 대한 새로운 출발점이 되었어요. 국회와 정부는 헌재의 결정에 따라 2031년 이후의 온실가스 감축 목표에 대한 구체적인 기준을 담아 탄소중립기본법을 개정해야 해요. 그리고 기후변화 정책 수립 과정에 청소년 등 미래세대의 의견을 반영할 수 있는 제도적 장치를 마련해야 합니다.

기후소송에 참여한 한 청소년은 "이 소송은 투표권이 없는 우리 세대가 할 수 있는 유일한 행동"이라며 재판에 직접 나와 기후변화가 청소년들의 생명과 권리에 미치는 영향을 강조했어요. 이렇게 적극적으로 의견을 내고 행동하는 청소년들이 있었기에 이번 기후소송에서 승소할 수 있었던 거죠. 소송은 잘 끝났지만, 국회와 정부가 헌재의 결정에 따라 제대로 정책을 세우고 시행하도록 감시해야겠죠?

헌법소원은 기후위기 대응을 위한 정치와 정부 정책을 감시하고 미온적 대응에 대한 문제 제기의 시작일 뿐이에요. 에너지 탄소 강도를 낮추기 위한 재생에너지 보급 확대, 수소환원철 등 산업 부문의 탈탄소화 정책 시행, 기후위기에 취약한 이들에 대한 대책 등 기후위기를 근본적으로 해결하고 기후위기로 피해를 입을 사람들에 대한 수많은 정책이 필요합니다. 이들 정책이 잘 수립되고 시행되도록 관심을 갖고 적극적으로 목소리를 내야 해요.

지금까지 우리 일상생활 중 어디에서 얼마나 큰 탄소발자국을 남기는지, 그 탄소발자국을 어떻게 효과적으로 줄일지 자세히 알아보았어요. 마지막으로 파리협정이 정한 1.5도 목표 달성을 가능케 할 1.5도 라이프에 대한 이야기로 이 책을 마무리할까 해요.

1.5도 목표 달성을 위해 개인의 탄소발자국을 2030년까지 2.5톤으로, 2050년까지 0.7톤으로 낮추어야 한다고 소개했었죠? 2020년 우리나라 평균 탄소발자국이 5.17톤이었으니 목표 달성을 위해서는 엄청난 노력이 필요할 겁니다. 근데 2024년에 이미 2030년 목표를 달성한 분이 있어요. 그분의 경험을 통해 1.5도 목표를 달성했을 때 우리는 어떤 삶을

살게 될지 미리 가늠해 볼까요?

Q 안녕하세요. 우선 간단한 자기소개 부탁드립니다.

A 최지선입니다. 2050년 행복국가 전환을 준비하는 미래당의 5기 대표입니다.

Q 일상 속 탄소발자국 조사 프로젝트에 참여하셨다고 들었습니다. 어떤 프로젝트였는지, 어떤 계기로 참여하게 되셨는지 말씀해 주세요.

A 2024년 7월 한겨레21과 녹색전환연구소가 기획한 '1.5도 라이프스타일 한 달 살기'라는 실험에 참여했어요. 개인의 소비변화로 온실가스 배출량을 줄여보자는 실험이었어요. 한 달 동안 자신의 일상에서 배출하는 온실가스양을 기록하고 줄이는 시도를 해보는 것이죠. 저는 평소 기후위기에 관심이 많아 일상생활 속에서 온실가스를 줄이는 것에 관심이 많았고, 제 생활에서 얼마만큼의 온실가스가 배출되는지 알고 싶어 실험에 참여했어요.

Q 흥미로운 실험이었네요. 어떤 항목을 조사했고 탄소발자국은 어떻게 계산했는지 소개해 주세요.

A 크게 먹거리, 주거, 교통, 소비, 여가와 서비스로 구분하여 300여 개 항목에 대해 사용량 또는 소비량을 정해진 양식에 매일 기

록했어요. 한 달 동안 기록하였고 이를 바탕으로 각 항목에 대한 탄소발자국을 계산하였어요.

  프로젝트 기획자 소개에 따르면 탄소발자국 계산에 필요한 항목별 온실가스 배출계수 중 일부는 유엔기후변화협약 등 외국에서 만든 자료를 이용했다고 해요. 우리나라와 외국의 사정이 다르니 좀 더 정교한 탄소발자국을 산정을 위해서는 우리나라 자료가 필요할 것 같은데 그렇지 못해 좀 아쉽긴 했어요.

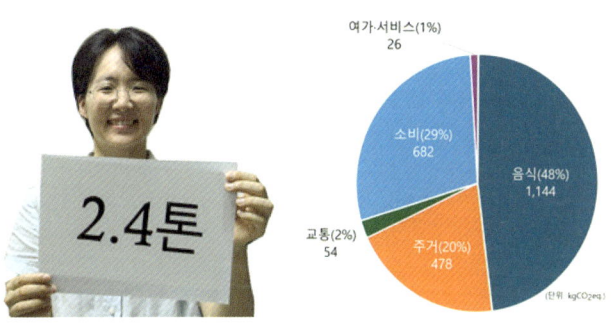

그림 30 2050년 행복국가 전환을 준비하는 미래당의 5기 최지선(왼쪽) 대표와 그의 탄소발자국(오른쪽).

Q 결과가 궁금합니다. 탄소발자국이 얼마나 나왔나요?

A 저의 연간 탄소발자국은 2.4톤이 나왔어요. 음식의 탄소발자국이 1,144kg으로 전체 탄소발자국의 절반 가까이 차지했고요, 상품 소비가 682kg, 수도·전기·가스 등 주거에너지가 478kg

배출한 것으로 계산되었어요. 교통은 54kg, 여가와 서비스는 26kg으로 탄소발자국이 얼마 되지 않았어요.

Q 한국 평균 가정의 탄소발자국을 산정한 제 연구결과와는 매우 다르네요. 특히, 주거에너지와 교통의 비중이 낮은 게 신기합니다. 제 연구결과에서는 주거에너지와 교통의 탄소발자국 비중이 약 74%였거든요. 뭔가 특별한 상황에 있었던 것 같은데 당시 어떤 생활을 하셨는지 궁금합니다.

A 저 활동은 무더위가 한창 기승을 부린 7월에 했어요. 너무 더워 에어컨을 틀고 싶은 유혹에 매일 빠졌지만, 아이스 녹차와 시원한 수박을 먹고, 냉수 샤워를 하며 버텼죠. 밥도 한 번 해서 식혀놨다가 여러 끼에 나누어 먹었습니다. 에어컨을 켜지 않아 주거에너지 탄소발자국이 작게 나왔을 거예요. 8월마다 집에서 명상을 해서 외출을 거의 하지 않았어요. 외출하더라도 자전거나 지하철로 이용해서 교통의 탄소발자국이 적게 나왔을 겁니다.

저는 비건지향이라 탄소발자국이 큰 육류를 먹지 않는데도 음식의 탄소발자국이 저만큼 나왔다는 게 좀 이해가 되지 않았어요. 일주일에 두 번 정도 한 외식의 영향이 크지 않았을까 싶네요.

Q 다른 참가자들의 탄소발자국은 어땠나요?

A 마지막까지 참여한 23명의 탄소발자국을 살펴보면, 가장 높은

분이 14,7톤, 가장 낮은 분이 1.7톤으로 크게 차이 났어요. 음식 탄소발자국 비중이 크다 보니 육식을 하는 분과 그렇지 않은 분의 탄소발자국 차이가 컸던 거 같아요.

Q 한 달 동안 활동에 참여한 소감 한마디 부탁드립니다.

A 무더위에 에어컨 틀지 않고 집에 있는 게 무척 힘들었어요. 살도 많이 빠졌던 것 같아요. 혼자 살았기에 가능했지 가족이 있었다면 실천하기 어려웠겠죠. 당시 친구가 집에 온 적이 있었는데 에어컨도 안 켜고 식은 밥을 먹는 등 하던 대로 하려니 친구에게 미안하더라고요. 한편으로는 이런 생활방식이 지속가능하겠나 하는 회의도 들면서 또 한편으로는 다른 방식을 찾아 적응하게 되더라고요. 예를 들어, 에어컨을 켜지 않으니 더위를 이기기 위해 시원한 녹차를 마신다거나 냉수 샤워를 한다던가 등등.

Q 그 활동을 하신 뒤, 시간이 제법 지났네요. 그때의 생활방식과 탄소발자국이 지금도 유지되고 있나요?

A 요즘은 외부활동이 많아 이동을 많이 하니 교통의 탄소발자국은 그때보다 많이 늘었을 거예요. 하지만 다른 영역에서는 그때 당시의 생활 습관을 거의 그대로 유지하고 있으니 탄소발자국도 큰 차이가 없을 겁니다.

Q 탄소중립을 위해 2050년 1인당 탄소발자국을 0.7톤으로 줄여야 한다고 합니다. 탄소발자국이 0.7톤인 삶, 상상되시나요?

A 상상이 안 됩니다. 당시 제 음식의 탄소발자국이 이미 1톤이 넘어요. 근데 그 당시에도 저는 하루 두 끼만 먹었거든요. 절식할 수도 없고…. 개인의 소비변화만으로는 불가능할 것 같고 기본 생활방식을 다시 세팅할 필요가 있을 것 같아요. 예를 들어, 재택근무로 이동량을 줄인다거나, 육식을 크게 줄이거나 채식한다거나, 재생에너지 보급을 늘려 전력의 온실가스 배출량을 줄이는 등등이 필요할 것 같습니다.

Q 1.5도 라이프를 실천하려는 청소년에게 한마디 하신다면?

A 일단 응원하고 싶어요. 이제 물질의 풍요만을 추구하는 시대는 지났잖아요. 우리가 앞으로 살아갈 시대는 오히려 과잉생산, 과잉소비로 인해 발생하는 부작용을 줄이는 노력이 필요한 시대가 되겠죠. 적게 생산하고 적게 사용하는 1.5도 라이프를 추구하는 방향으로 전환하는 것 자체가 굉장히 중요해요.

　개인의 노력으로 온실가스를 줄이기는 쉽지 않을뿐더러 그 효과도 대단하지 않다고 생각할 수도 있어요. 하지만 소비자가 변하면 물건을 생산하는 기업이 변하고, 정책을 수립하고 시행하는 정치인과 정부가 변한다고 봐요. 육식 위주의 식습관을 채식 위주로 바꾸고, 등하교할 때 부모님 차 대신 자전거를 타거나 걷고, 과시용 소비를 줄이는 등의 노력을 해 보면 좋겠어요. 중요한 건 다른 사람의 시선보다 우리 개개인이 행복하고 다른 이들과 함께 어울려 잘 사는 것 아니겠어요?

소비변화를 통해 탄소발자국을 줄이려면 여러 불편함을 겪는 건 어쩔 수 없을 거예요. 하지만 그 불편함을 감수하는 중에 재미를 찾아보는 것도 좋을 것 같아요. 한여름에 에어컨 없는 집안에서 땀을 흘린 후 시원한 수박 한 조각을 먹는 재미, 냉수 샤워로 몸이 시원해지는 재미 등 불편함 속에도 즐기는 재미가 쏠쏠하답니다.

Q 마지막으로 소비변화를 넘어 청소년들이 할만한 기후행동은 어떤 것이 있을까요?

A 2020년 청소년기후행동은 정부의 기후위기 대응을 비판하면서 기후헌법소원을 제기했어요. 청소년들이 당당하게 목소리를 내는 모습이 인상적이었어요. 환경운동가 크레타 툰베리님도 처음엔 홀로 시위를 시작했지만, 지금은 다양한 개인, 단체와 연계해서 활동하고 있잖아요. 더 많은 사람과 함께할 때 우리는 더 오랫동안 지속해서 활동할 수 있는 것 같아요. 관심 있는 시민단체나 정당을 찾아가 그곳에서 하는 프로그램도 참가해 보고, 하고 싶은 활동을 제안해 보는 것도 좋은 경험이 될 것 같아요.

지금까지 기후위기라는 거대한 문제와 마주하며 긴 여정을 함께했습니다. 우리 집의 에너지 사용부터 우리가 입고 버리는 옷 한 벌에 이르기까지 모든 게 기후변화와 밀접히 연결되어 있다는 사실을 깨달았지요. 어쩌면 이 책을 덮는 지금 내가 기후위기를 일으키는 범인이라는 죄책감을 느끼거나 문제가 너무 거대하고 복잡해서 무엇을 해도 안 될 것 같은 무력감이 들지도 모릅니다. 하지만 이 책은 이미 정해진 비극적인 미래 이야기가 아니라, 새로운 가능성을 향해 가는 우리의 첫걸음에 대한 가이드임을 기억해 주세요.

　우리는 기후위기 해결의 열쇠는 정치와 시민의 힘에 있다는 것을 배웠습니다. 온실가스를 배출하는 산업 구조를 바꾸고, 우리 사회의 시스템을 저탄소 시스템으로 근본적으로 전환하는 것은 개개인의 힘만으로는 어렵습니다. 하지만 우리가 던진 한 표, 우리가 모아낸 목소리, 우리가 만든 협동조합은 기후위기 시대의 새로운 정치를 만들어 낼 수 있는 강력한 무기가 됩니다. 광명시민에너지협동조합의 사례에서 보았듯이 시민들이 스스로 에너지 생산자가 되어 지역 사회를 바꾸는 모습은 바로 우리의 손으로 미래를 만들어 갈 수 있다는 증거입니다.

우리는 또한 우리가 매일 무엇을 먹고, 무엇을 입고, 무엇을 소비하는지가 세상을 바꿀 수 있는 중요한 힘인 것을 알게 되었습니다. 예쁜 쓰레기를 만들지 않겠다는 오픈플랜 이옥선 대표의 신념처럼 지속가능한 패션은 단순히 옷을 만드는 방식을 바꾸는 것을 넘어 우리의 소비 가치관을 근본적으로 바꾸는 일입니다. 이제 우리는 빠르고 싼 것 말고 조금 느리고 불편하더라도 자연과 사람에게 이로운 것을 선택하는 멋을 알게 되었습니다. 우리의 작은 선택이 모여 거대한 순환의 고리를 만들어 낼 때 우리는 더 이상 지구의 자원을 낭비하는 소비자가 아니라 기후위기를 극복하는 데 일조하는 기후 소비자가 될 것입니다.

이 책에 소개한 많은 이야기는 단순한 정보가 아니라 우리 모두가 걸어갈 1.5도 라이프의 이정표입니다. 이 라이프스타일은 결코 불편하고 힘든 삶을 의미하지 않습니다. 오히려 불필요한 소비와 낭비에서 벗어나 나와 지구의 건강을 동시에 챙기는 더 자유롭고 풍요로운 삶을 의미합니다. 내가 사용하는 에너지를 직접 만들고, 환경을 생각하며 만든 옷을 오래도록 아껴 입고, 기후위기 해결을 위해 목소리를 내는 모든 행위는 우리 삶에 깊은 의미와 만족감을 가져다줄 것입니다.

책의 마지막 장을 닫는 순간 여러분은 이미 기후위기에 대응하는 가장 중요한 주체가 되었습니다. 이 책을 통해 얻은 지식이 여러분의 삶을 변화시키는 동력이 되고, 그 변화는 다시금 주변의 사람들에게 영감을 주어 변화를 이끌어 주길 바랍니다. 작은 실천이 지역 사회를 바꾸는 거대한 물결로 이어지고, 그 물결은 다시 정치와 기업의 변화를 이끌어 낼 것입니다.

이제 기후위기라는 거대한 벽 앞에서 좌절하는 대신, 그 벽을 넘어설 방법을 함께 찾고 만들어 가야 합니다. 여러분한 명 한 명이 기후위기 시대의 새로운 이야기인 1.5도 라이프의 주인공입니다. 지금부터 여러분의 삶을 통해 새로운 희망을 만들어 가세요.

우리의 작은 선택이 세상을 바꿀 수 있다는 믿음으로 여러분의 1.5도 라이프를 시작하세요. 작은 행동이 모여 큰 변화를 만듭니다. 여러분의 멋진 이야기에 시작을 진심으로 응원합니다.

더 알아보기

1 산업혁명 이전 평균 기온보다 1.5도 오르는 것임.

2 우리나라 온실가스 배출량은 환경부 산하 기관인 국가온실가스종합정보센터(줄여서 GIR이라 부릅니다)에서 집계하여 발표합니다.

3 이성규, 2025, 전과정 환경산업연관분석 모델 개발과 소비기준 온실가스 배출 특성 연구, 박사 학위 논문, 세종대학교 대학원.

4 IGES, Aalto University, and D-mat ltd., 2019, 1.5-Degree Lifestyles: Targets and Options for Reducing Lifestyle Carbon Footprints. Technical Report. Institute for Global Environmental Strategies, Hayama, Japan.

5 이성규, 권태현, 이주희, 전의찬, 2024, 소비기준 온실가스 배출량 산정을 위한 고해상도 환경산업연관분석 모델 개발, 한국기후변화학회지 제15권 제 5-1, pp. 735~746; 이성규, 2025, 전과정 환경산업연관분석 모델 개발과 소비 기준 온실가스 배출 특성 연구, 박사 학위 논문, 세종대학교 대학원.

6 IGES, Aalto University, and D-mat ltd., 2019, 1.5-Degree Lifestyles: Targets and Options for Reducing Lifestyle Carbon Footprints. Technical Report. Institute for Global Environmental Strategies, Hayama, Japan.

7 IPCC, 2022, Creutzig, F., J. Roy, P. Devine-Wright, J. Diaz-Jose, F.W. Geels, A. Grubler, N. Maizi, E. Masanet, Y. Mulugetta, C.D. Onyige, P.E. Perkins, A. Sanches-Pereira, E.U. Weber, 2022, Demand, services and social aspects of mitigation. In IPCC, 2022: Climate Change 2022: Mitigation of Climate Change. Contribution of Working Group III to

the Sixth Assessment Report of the Intergovernmental Panel on Climate Change.

8 Nakićenović, N. et al., 1993, Long term strategies for mitigating global warming, Energy 18(5), pp. 401-609.

9 일차에너지(primary energy)는 화석연료, 바이오매스 등 자연에서 채취한 에너지 원이고, 최종 에너지(final energy)는 전기, 자동차 연료, 도시가스 등 최종 소비자에서 전달된 에너지이며, 유용한 에너지(useful energy)는 최종 에너지를 사용하여 만들어 낸 에너지로 전구의 빛, 자동차 엔진의 추력, 난방기구의 열 등입니다.

10 Friedlingstein, Pierre et al., 2022, global carbon budget 2021, Earth Syst. Sci. Data 14, pp. 1917-2005.

11 York, Richard, 2008, De-carbonization in former Soviet republics, 1992-2000: The ecological consequences of de-modernization, Social Problems 55, pp. 370-390.

12 Kilian, Lena, Anne Owen, Andy Newing, Diana Ivanova, 2023, Achieving emission reductions without furthering social inequality: Lessons from the 2007 economic crisis and the COVID-19 pandemic, Energy Research & Social Science 105, 103286.

13 Liu, Z., Ciais, P., Deng, Z. et al., 2020, Near-real-time monitoring of global CO2 emissions reveals the effects of the COVID-19 pandemic, Nature Communications 11, 5172.

14 2024 국가 온실가스 인벤토리.

15 통계청, 2021, 2020년 연간 지출 가계동향조사 결과.

16 소비자물가지수를 적용하여 2020년 지출액을 2019년 기준 지출액으로 바꾼 후 계산한 증감률.

17 https://www.smartgreenfood.org/jsp/front/story/story03_1.jsp

18 https://interactive.hankookilbo.com/v/co2e/

19 Chatterjee, I., Chakraborty, S., Ray, M. et al., 2025, Novel avenues of mitigation of rice paddy methane: a review. J. Crop Sci. Biotechnol. 28, pp. 321-334.

20 191kg/백만원 × 0.01백만원 = 1.91kg.

21 유엔식량농업기구에서 제공하는 Global Livestock Environmental

Assessment Model (GLEAM) 데이터 활용하여 작성. https://foodandagri-cultureorganization.shinyapps.io/GLEAMV3_Public/

22 Roger Hull, Graham Head and George T. Tzotzos, 2021, Genetically Modified Plants: Assessing Safety and Managing Risk, second edition, Academic Press.

23 소가 자동차보다 '기후 악당'?⋯주먹구구식 셈법 '억울하다' https://www.hani.co.kr/arti/society/environment/1075212.html

24 통계청 국가통계포털, https://kosis.kr/index/index.do

25 국육류유통수출협회 https://www.kmta.or.kr/kr/data/stats_spend.php

26 Vincenzina Caputo, Jiayu Sun, Aaron J. Staples, Hannah Taylor, 2024, Market outlook for meat alternatives: Challenges, opportunities, and new developments, Trends in Food Science & Technology 148, 104474.

27 유엔기후변화협약(United Nations Framework Convention on Climate Change, UNFCCC)는 지구온난화를 억제하기 위해 온실가스 배출량을 줄이는 것을 목표로 하는 국제 협약입니다. 당사국총회(Conference of the Parties, COP)는 UNFCCC의 최고 의사결정 기구로 일 년에 한 번 열립니다.

28 게이브 브라운의 책, 강연, 신문기사 등을 바탕으로 구성한 가상 인터뷰입니다.

29 UNEP, 2024, Food Waste Index Report 2024.

30 통계청 생활폐기물 발생량 및 처리현황.

31 Bashir Adelodun, Kyung Sook Choi, 2020, Impact of food wastage on water resources and GHG emissions in Korea: A trend-based prediction modeling study, Journal of Cleaner Production 271, 122562.

32 온실가스 배출량 × 하루 음식물 쓰레기 배출량 × 365일 = 1.34gCO2eq./g × 310.9g × 365일 = 152.1kgCO2eq.

33 http://foodcommons.suwonagenda21.or.kr/

34 Yeon A Hong , Chanmi Yun, Jungwook Ahn, 2024, Assessing the Contribution of Food Donation to GHG Reduction: Insights for Sustainable Business Practices, Asian Journal of Business Environment 14(4), pp 41-52.

35   https://www.foodbank1377.org/donate/guide.do

36   마르쉐는 '돈과 물건의 교환만 이루어지는 시장' 대신 '사람, 관계, 대화가 있는 시장'
      을 꿈꾸는 이들이 만든 우리나라 대표 농부 시장이에요. 농부, 요리사, 수공예가가
      함께 만들어 가는 마르쉐에서는 소농이 환경친화적으로 기른 제철 채소, 과일뿐만
      아니라 이들 농산물로 만든 음식, 수공예가들이 만든 공예품들을 살 수 있어요. 마르
      쉐 인스타그램 @marchefriends

37   CamEATS ZERO: https://www.zero.cam.ac.uk/node/543

38   항공여행의 탄소발자국은 운항 중 항공기가 연소한 연료로 인해 발생한 온실가스
      배출량을 승객수와 화물 무게로 나누어 산정합니다.

39   https://icec.icao.int/

40   IEA, 2020, GHG intensity of passenger transport modes, 2019, IEA,
      Paris https://www.iea.org/data-and-statistics/charts/ghg-intensi-
      ty-of-passenger-transport-modes-2019

41   여인호. 김준범, 강석교. 김진범, 2012, 국내 고등학생들의 탄소발자국 산정과 비교
      에 관한 연구: 대.중.소도시 통학패턴을 중심으로, 환경교육 25권 1호, pp. 15-24.

42   Christian Brand et al., 2021, The climate change mitigation effects
      of daily active travel in cities, Transportation Research Part D:
      Transport and Environment 93, 102764.

43   https://www.iea.org/data-and-statistics/data-tools/ev-life-cy-
      cle-assessment-calculator

44   자동차의 온실가스 배출량을 평가범위에 따라 Well-to-tank 배출량과 Tank-
      to-Wheel 배출량으로 나눌 수 있어요. Tank-to-Wheel 배출량은 자동차 운행
      과정에서 나오는 온실가스이고, Well-to-Tank 배출량은 연료와 전기 생산, 운송
      과정에서 배출되는 온실가스입니다.

45   국가에너지통계종합정보시스템, 2023, 개정에너지밸런스.

46   국가에너지통계종합정보시스템, 2023, 개정에너지밸런스.

47   toe: 석유환산톤(Tons of Oil Equivalent)의 약자로, 석유 1톤이 연소할 때 발생하
      는 에너지의 양입니다. 서로 다른 에너지 사용량을 통일된 기준으로 비교하기 위해
      사용합니다.

48   전력 1kWh 당 온실가스 배출량으로 전력 생산, 송배전까지 전과정에서 배출되는
      온실가스양을 평가한 것입니다.

49   Soo-Jin Lee, Seung-Yeong Song, 2022, Determinants of residential end-use energy: Effects of buildings, sociodemographics, and household appliances, Energy and Buildings 257, 111782.의 최종 소비 항목별 주거에너지 사용량 비율에 주거에너지 탄소발자국을 곱하여 항목별 탄소발자국 비율을 계산했어요.

50   「공공기관 에너지이용 합리화 추진에 관한 규정」

51   탈탄소화는 탄소 배출량이 많은 부문의 탄소 배출량을 줄이거나 없애는 것입니다.

52   https://www.government.se/government-policy/taxes-and-tariffs/swedens-carbon-tax/

53   Schmidt, Sarah, Carl-Johan Södersten, Kirsten Wiebe, Moana Simas, Viveka Palm, Richard Wood, 2019, Understanding GHG emissions from Swedish consumption - Current challenges in reaching the generational goal, Journal of Cleaner Production 212(1), pp. 428-437.

54   Energimyndighet, 2020, Energimyndighet Energiläget 2020, Statens Energimyndighet, Eskilstuna, Sweden

55   Ellen Macarthur Foundation, 2019, Completing the picture: how the circular economy tackles climate change

56   Accenture, Clearing the hurdle: Scope 3 emissions